LETTRE

A L'ACADÉMIE DES SCIENCES.

Se trouve :

Chez TOURNACHON-MOLIN, libraire,

Rue St-André-des-Arts, n° 45.

BAILLIÈRE. — CREVOT. — GABON. — VILLERET et Cie.,

Libraires, rue de l'École-de-Médecine.

Imprimerie de FIRMIN DIDOT, rue Jacob, n° 24.

LETTRE

A l'Académie des Sciences.

EXAMEN CRITIQUE

DE L'OUVRAGE DE M. LE DOCTEUR CIVIALE,

INTITULÉ

De la Lithotritie,

OU

BROIEMENT DE LA PIERRE DANS LA VESSIE,

ET

APPRÉCIATION DES FAITS PRÉSENTÉS PAR CE MÉDECIN;

Par M. le Baron Heurteloup,

DOCTEUR DE LA FACULTÉ DE MÉDECINE DE PARIS.

A Paris.

Avril 1827.

LETTRE

A L'ACADÉMIE DES SCIENCES.

MESSIEURS,

L'ACADÉMIE des Sciences en me faisant participer aux récompenses qu'elle décerna au mois de juin dernier, pour avoir, suivant ses propres expressions, *très-ingénieusement perfectionné (A) les instruments a daptés à l'opération du broiement de la pierre dans la vessie*, m'a imposé l'obligation de la défendre de toutes les attaques dirigées contre l'infaillibilité de son jugement.

De plus, l'Académie des Sciences ayant établi un concours utile entre MM. les docteurs Leroy, Civiale et moi, dans le but de rendre cette opération plus parfaite, c'est encore sous ce rapport que je me présente à vous, pour être admis à repousser tout ce qui pourrait altérer l'opinion avantageuse que vous avez émise sur mon appareil instrumental.

C'est dans ce sens, Messieurs, que je signale à votre attention plusieurs passages (*B*) qui se trouvent dans le livre que M. Civiale vient de vous présenter, et dans lequel ce docteur juge, ou plutôt condamne les procédés que je mets en usage.

Vous dire, Messieurs, que sur ces procédés, M. Civiale a prononcé d'une manière que j'appellerai *instinctive*, puisqu'il n'a rien vu des instruments que j'emploie, c'est appeler de votre part sur la valeur de ses jugements, une réserve utile.

Vous dire encore que ce docteur aurait pu me voir, comme tout le monde, opérer à l'Hôtel-Dieu, devant un public nombreux et éclairé, et que, conséquemment, il aurait pu asseoir son opinion sur des choses vues et comprises, c'est vous donner une idée convenable de ses intentions.

Je pourrais laisser à mes succès jusqu'ici non interrompus par des revers, à répondre à des allégations dénuées de preuves et du plus simple raisonnement; je pourrais attendre qu'un travail sur cette matière qu'incessamment je vais terminer, fît apercevoir combien M. Civiale connaît peu ce qu'il se permet de juger; mais je dois, dans l'intérêt de l'art et le mien propre, arrêter dans sa source le mal que pourrait faire, à de bonnes choses, une accusation dont il est d'ailleurs facile de faire sentir le but intéressé.

Je veux bien que M. Civiale se trouve dans une position que son mérite réel ne rendra pas éphémère; je veux bien que, doué d'une grande perspicacité, il ait cru pouvoir porter un jugement sur des choses dont il avait puisé la connaissance dans de simples rapports; mais devait-il se prononcer avec des formes aussi tranchantes sur des travaux que vous aviez jugés dignes de votre attention? Heureux d'avoir pu mériter vos encouragements, je croyais valoir assez par cela même pour être à couvert d'un jugement précipité; je croyais encore que par déférence pour vos décisions, on laisserait à l'expérience le soin de prouver que j'avais pu m'abuser.

Mais, sans respect pour ce jugement rendu, M. Civiale trouve vicieux tout ce que j'ai créé. Condamnant en bloc, et faisant allusion à ce qui fut le fruit d'un pénible travail, il prononce « que l'expérience a suffisamment prouvé que la lithotritie n'avait pas besoin de semblables auxiliaires. »

J'avoue que lorsque je lus ce passage avant d'avoir pris connaissance de l'ouvrage entier, j'eus la crainte de voir l'utilité de mes travaux justement mise en doute. Un tel jugement, prononcé avec une telle assurance, dut me faire rentrer en moi-même; car il me faisait supposer que mes succès acquis avec assez de peine et de bonheur, devaient se trouver éclipsés par d'autres succès toujours constants et toujours faciles.

Je lus l'ouvrage, et je fus bientôt détrompé. A mon grand étonnement, je vis que des malades étaient morts après le broiement ; je vis que ceux qui avaient eu recours à la taille après des essais inutiles, avaient péri dans une proportion plus que triple de ceux taillés de prime abord ; je vis que la plupart des guérisons avaient été achetées par de grandes souffrances et de grands accidents ; je vis que sur les malades guéris, une assez grande proportion étaient morts dans l'année qui avait suivie leur guérison ; je vis encore que M. Civiale, qui avait reproché avec tant d'instance les non-réussites à son compétiteur M. Leroy (d'Étiolles), avait eu des séances sans résultat sur dix-neuf sujets, parmi lesquels il s'en trouve qui sept fois, de l'aveu de M. Civiale, furent soumis inutilement à l'action des instruments qu'il emploie.

Je m'aperçus, en outre, que de grandes omissions avaient été commises, que certaines des observations de réussite présentaient dans leurs détails des inexactitudes qu'il était facile de faire ressortir, enfin, que cet ouvrage n'était pas fait dans le but d'être utile, et de répandre le bienfait d'une opération avantageuse, puisqu'il n'apprenait rien au praticien.

Comme je n'acquis cette connaissance que par une lecture répétée des observations contenues dans le livre de M. Civiale, et que je m'aperçus que ces observations étaient, par un motif particulier, répandues sans ordre dans tous les chapitres de cet ouvrage et même dans l'introduction, je désespérai d'abord de faire apprécier les résultats obtenus par ce médecin. Comme je ne supposai pas qu'une personne désintéressée dût entreprendre le classement d'un assez grand nombre de faits, et que je sentis que ce classement devenait important, je cherchai les moyens de le rendre clair, afin que vous pussiez saisir les résultats généraux, sans vous les faire acheter par de fatigantes recherches.

Après y avoir long-temps réfléchi, je me trouvai devoir à M. Civiale lui-même l'idée d'un moyen fort ingénieux pour démontrer, d'une manière claire et précise, tout ce qu'il est important de faire connaître d'un ouvrage. J'eus recours à la méthode analytique, et je fis à son exemple un tableau, afin de m'assurer s'il cadrerait exactement avec celui présenté dernièrement par ce docteur.

Je pris le livre à la première page, et continuant jusqu'à la dernière, je fis un extrait exact, dans les mêmes termes, sans transposition de toutes les observations que j'y trouvai.

Cela fait, je numérotai toutes ces observations, et je me fis un tableau qui donna les résultats suivants :

Sur quarante-huit malades traités par le broiement seul, huit sont morts ; sur les quarante guéris, cinq sont morts dans l'année qui a suivi leur traitement.

Tout en remarquant que les malades ainsi opérés

par M. Civiale, sont des malades de choix, puisqu'il en est jusqu'à dix-sept qu'il refusa de soumettre à son traitement, nous voyons qu'en se mettant dans les circonstances les plus favorables, ce docteur a perdu un sixième des calculeux qu'il a opérés par la méthode qu'il emploie (*C*), et cependant il n'a pas craint de dire dans le tableau analytique qu'il vous a présenté : « On verra qu'à l'exception d'un seul, tous les « malades que j'ai opérés sont guéris. »

Sur trois malades taillés après avoir été broyés, deux sont morts.

Sur onze malades taillés après des essais inutiles, sept sont morts.

Ce qui fait que sur un total de quatorze malades taillés après l'application des instruments, les deux tiers sont morts ; proportion énorme, et qui prouve que M. le docteur Civiale s'est trompé, lorsqu'il a prétendu que des essais de broiement par la méthode de Gruithuisen, et par le procédé qu'il emploie, étaient indifférents, et n'ajoutaient rien aux dangers de la taille.

Si on met maintenant sur le compte du broiement pratiqué par M. Civiale, le tiers en sus de la proportion ordinaire des malades taillés, on trouve en dernière analyse que ce médecin a perdu, avec l'emploi de son procédé, douze malades avant la guérison et cinq après, ce qui fait un total de dix-sept.

Maintenant si nous passons à des objets de détail,

nous trouvons que sur les quarante malades guéris par le broiement, dix-neuf ont eu la fièvre ou ont éprouvé des accidents graves; si, à ces dix-neuf malades on ajoute les huit morts du broiement, on trouvera que vingt-sept malades ont éprouvé des accidents graves par suite de cette opération; encore je ne comprends pas dans ce nombre, ceux qui ayant été taillés après des essais fructueux ou inutiles, ont dû très-probablement être malades après ces tentatives. Ceux-là sont au nombre de quatorze, lesquels ajoutés aux vingt-sept autres, forment un total de *quarante-un* malades qui ont éprouvé des accidents. Je néglige toujours les cinq qui sont morts dans l'année qui a suivi leur guérison.

Ce calcul prouve que M. Civiale s'est encore trompé lorsqu'il a prétendu que le broiement de la pierre *comme il le pratique*, était exempt de dangers.

Sur les quarante malades guéris, on en trouve huit sur lesquels des applications sans résultat ont été faites; si on ajoute les onze qui ont été taillés après des essais inutiles, on trouve un total de dix-neuf malades sur lesquels M. Civiale a appliqué ses instruments sans réussir à prendre la pierre et à la broyer. Maintenant, si on considère que ces applications inutiles se sont répétées un grand nombre de fois sur plusieurs de ces malades, on en conclura qu'il faut s'étonner que ce médecin ait prononcé que ce qu'il appelle, contre l'évidence, sa méthode et son procédé, était trop parfait pour avoir besoin d'auxiliaires.

Enfin, pour terminer l'examen de ces résultats, on trouve trois malades que M. Civiale a crus guéris d'abord, mais qui ont été réopérés plus tard, ou qui ont rendu spontanément des fragments de pierre. Ce qui prouve que M. Civiale en laisse quelquefois dans la vessie, particularité tout-à-fait en opposition avec ce qu'il a prétendu.

Tel est, Messieurs, l'ensemble de ces résultats : en vous rappelant que, pour vous les faire connaître, je n'ai puisé mes matériaux *que dans le livre* de M. Civiale, je vous laisse le soin d'apprécier leur analogie avec ceux dont ce médecin entretient l'Académie depuis trois années, et les avantages que, dans les mains de ce docteur, présentent et la méthode de M. Gruithuisen, et le procédé de M. Leroy.

Veuillez croire au désir seul de repousser des attaques que j'ai dû attribuer plutôt au besoin de déprécier mes travaux, qu'à celui d'en faire ressortir les défauts dans l'intérêt du bien général. Croyez que pour cela je n'ai eu recours à aucun auxiliaire que repousseraient des sentiments honnêtes. J'ai senti d'ailleurs que pour faire valoir ma cause, il convenait de me renfermer dans une défense juste et mesurée ; qu'il ne fallait vous entretenir que des faits ; mais que je devais vous les présenter tels qu'ils étaient, sous leur véritable jour, séparés de ce vernis dont les entoure l'engouement populaire ; et enfin, vous les faire apprécier à leur juste valeur, en les rétablissant dans toute leur vérité.

Si vous conservez cependant quelques doutes, et qu'il vous importe de vérifier l'exactitude de mes calculs, jetez les yeux sur le tableau qui suit cette lettre; vous trouverez à la fin de l'extrait de chaque observation, le n° de la page de l'ouvrage où cette observation se trouve.

Permettez-moi, maintenant, Messieurs, de passer à un autre sujet.

M. le docteur Civiale ayant pensé qu'il convenait, dans son intérêt, d'essayer de jeter de la défaveur sur ce que j'ai pu produire après un long travail, ne trouvera pas sans doute hors de règle que je me permette de faire quelques observations sur l'ouvrage qu'il vient de donner. Je ne lui cache pas que j'ai sur lui l'avantage de parler de ce que je connais, puisque j'ai souvent lu et consulté son livre. J'userai donc de cet avantage, et j'éviterai par-là le travers si ridicule de me prononcer sur des choses qui me sont inconnues.

Si, pressés par le désir d'être promptement instruits sur ce que M. Civiale a obtenu du procédé de broyer les pierres dans la vessie, vous lisez attentivement son livre, il vous sera impossible, à moins de prendre, comme je l'ai fait, l'extrait de toutes les observations qui s'y trouvent répandues confusément, et de les soumettre à un travail analytique, de vous former une opinion un peu précise sur ces résultats. Seulement, vous vous apercevrez de temps à autre que le sujet de l'observation est mort du broiement, ou a été taillé.

Vous concevrez dès-lors une opinion moins avantageuse d'une opération que vous étiez habitués à voir toujours couronnée d'un succès complet, et vous aurez la pensée d'apprécier le nombre des revers dont la connaissance sera nouvelle pour vous. Vous procéderez à cette appréciation, mais vous y renoncerez bientôt, car un désordre calculé vous ôtera le pouvoir de vous en rendre maîtres.

Un tel défaut vous paraîtra sans doute extraordinaire dans un ouvrage qui doit, pour être utile, présenter des faits classés, pour être opposés à d'autres faits déja connus. Ce défaut est si grave dans la circonstance où paraît le livre de M. Civiale, qu'il est difficile de ne pas croire qu'il ne soit nécessité par un motif particulier. Or, ce motif existe, et il est facile à deviner : M. Civiale voulant concourir pour obtenir un prix destiné à celui qui offrirait le procédé le plus avantageux, et qui surtout aurait été vrai dans ses relations d'opération, a été sans doute fort embarrassé pour présenter des morts, lorsqu'il avait hardiment assuré que tous les malades qu'il avait traités étaient guéris. Il a cru qu'en employant l'innocent moyen de disperser les observations qui le gênaient dans un gros volume, il parviendrait à se mettre à couvert du blâme qu'il n'avait pas craint de mériter. Mais s'il a pu penser qu'en employant contre ses confrères des armes réprouvées par les usages académiques et par l'éducation, il ne trouverait pas dans l'un d'eux le pouvoir de mettre au jour de telles finesses, il s'est abusé; car l'injustice donne souvent une patience extrême à ceux qui en sont les victimes.

J'avoue que si, par malheur, je m'étais oublié jusqu'à altérer la vérité en entretenant l'Académie de mes travaux, je me fusse repenti de ma faute, mais je n'eusse jamais voulu en faire une amende honorable. Mais puisque M. Civiale a consenti à faire de si pénibles aveux, il aurait dû, se relevant par une honorable franchise dans l'opinion des hommes éminents qu'il n'avait pas craint d'abuser, mettre sous leurs yeux un exposé vrai, clair et méthodique de ses résultats.

Un tel retour sur lui-même n'a pas été possible à M. Civiale, et au lieu d'un travail utile, il a donné un ouvrage nul sous le rapport statistique, puisque l'analyse n'est pas sa base principale, qu'il ne fait pas connaître les résultats comparatifs, et qu'il n'apprend conséquemment rien à celui qui s'occupe de la pathologie générale. Mais s'il est nul sous ce rapport, ce travail vous paraîtra bientôt incomplet et trompeur sous d'autres rapports.

Si on examine les observations particulières, on s'aperçoit bientôt que beaucoup d'entre elles sont présentées sous un jour évidemment trop favorable : le nombre des séances est considérablement réduit; les douleurs et les souffrances ne sont pas indiquées, car nulle part il n'est question de celles que causent les fragments engagés dans l'urètre, accident fréquent; nulle part aussi il n'est parlé de ces extractions forcées à travers le canal de morceaux de pierres saisis dans la vessie, extractions dont furent témoins assez de médecins pour que M. Civiale ne puisse nier les avoir faites contre toutes les règles de la prudence. Une grande partie de ces observations est tronquée, surtout celles qui ont été accompagnées d'accidents résultant de l'instrumentation. En les comparant entre elles, on voit bientôt jaillir des contradictions de tout côté; souvent les résultats ne se trouvent nullement en rapport avec les moyens employés; quelquefois l'on suit M. Civiale dans toutes les séances d'une opération, chacune d'elles n'a qu'un résultat minime, et cependant l'opérateur finit par enlever une pierre de la grosseur d'une noix; une autre fois une pierre d'un égal volume est extraite en une seule séance de dix minutes, tandis qu'en plein jour, et sur une table, une telle destruction serait impossible; d'autres fois encore un nombre exact de pierres est annoncé avoir été extraites et broyées, tandis qu'il serait impossible aussi de faire une semblable appréciation dans un vase inerte, et avec le secours de la main; toujours M. Civiale annonce se servir d'un instrument d'un petit calibre, tandis que l'on peut voir sur les planches de son livre que ces instruments présentent une tête qui dépasse d'une ligne le diamètre annoncé. On remarque enfin, qu'aucune de ces observations n'est rédigée dans le sens bienfaisant de donner aux médecins le pouvoir d'imiter ce qui est bon, comme celui d'éviter ce qui est mauvais.

Je passe rapidement sur le chapitre intitulé *Procédé*

opératoire. En définissant ce procédé, M. Civiale semble avoir tout aussi bien le désir d'apprendre aux médecins à pratiquer le broiement, qu'un lithotomiste serait supposé avoir celui d'enseigner à pratiquer la taille, s'il se bornait à donner pour tout précepte, d'inciser la vessie, d'introduire la tenette, et de l'ouvrir pour saisir la pierre afin d'en faire l'extraction. Vous trouverez sans doute, Messieurs, qu'un tel laconisme est dérisoire dans la description d'un procédé dont toutes les chances de succès doivent résider dans l'observation des plus minutieux détails. Or, je serais étonné que mon confrère ne les eût pas fait connaître, si je pensais que ce laconisme fût nécessairement volontaire. Mais en remarquant qu'une description de ce genre demande un esprit d'analyse qui n'est pas donné à tous, vous vous trouverez enfin satisfaits de ne pas être obligés de suspecter l'intention de M. Civiale, et vous accuserez seulement la nature qui ne lui a pas accordé une suffisante fécondité.

Si vous examinez maintenant les planches qui doivent être la partie essentielle de l'ouvrage de ce médecin, puisque, destinées à parler aux yeux, elles doivent fidèlement retracer les instruments et donner une idée précise du procédé opératoire, vous serez loin de trouver dans la manière dont elles sont dessinées les secours nécessaires pour faire construire des instruments analogues. Vous verrez, par exemple, que la pince de nouvelle fabrique (*D*), représentée sur la planche 3, n° 5, n'est pas d'une construction possible; vous verrez à l'œil et sans compas, que la masse formée par le mandrin et les quatre branches ne peuvent entrer dans le tube extérieur; vous verrez que cet instrument ridicule par sa construction, n'est placé là, ainsi que celui indiqué planche 3, n° 1, que pour se donner le droit de dire qu'on a fait aussi des instruments à branches mobiles. Mais M. Civiale n'osera jamais faire usage d'un tel arsenal; jamais il ne prouvera publiquement qu'il peut s'en servir; et je lui porte le défi de venir en pleine clinique en faire la démonstration; je lui porte aussi le même défi pour celui indiqué planche 2, n° 24, lequel contient dans son intérieur un mandrin dont le collet est courbé, et dont le tube extérieur a deux lignes et demie de diamètre, tandis que la tête présente un autre diamètre de quatre lignes un quart.

L'instrument seul dont M. Civiale peut se servir, et duquel il se sert effectivement, est celui représenté planche 2, n° 12, dont M. Leroy (d'Étiolles) est l'inventeur.

Maintenant passant à la planche 4, qui représente la position du malade tandis qu'il est soumis au broiement, il vous suffira sans doute, Messieurs, de considérer cette planche pour voir quelles ont été les raisons qui m'ont fait chercher des moyens d'assujettir le malade et l'appareil instrumental pendant l'opération. Vous ne vous étonnerez plus, d'après l'inspection de cette planche, que le patient dans une telle position ne puisse supporter de longues séances, et que l'opérateur ne puisse long-temps maintenir son appareil et faire jouer l'archet. Il vous paraîtra sans doute que ces instruments pour ainsi dire suspendus, et manœuvrés à force de bras, ne doivent offrir que peu de garantie, et pour le succès de l'opération du broiement, et pour la tranquillité du malade.

Encore est-il important de vous faire remarquer que la position des instruments, telle que le représente cette planche, n'est pas aussi défectueuse que celle qui existe réellement. Observez, Messieurs, que l'instrument ne peut avoir la direction qui lui est donnée dans ce dessin. Le peintre a prêté à cette figure une vessie d'une forme particulière, et a placé cet organe d'une manière qui n'est nullement dans la nature. Située dans la peau du bas-ventre, cette vessie a son col au-dessus des os pubis, et conséquemment l'instrument qu'on a représenté chargé de la pierre doit parcourir une route aussi peu convenable. Il est facile de voir que si la vessie était située dans l'endroit naturel, comme l'eût fait placer d'ailleurs le plus mince anatomiste, l'instrument n'aurait pas la direction représentée, et les opérateurs et l'opéré paraîtraient encore plus péniblement placés. M. Civiale, en se mettant ainsi à son aise dans cette figure, a évité de faire saillir un inconvénient grave qui résulte de la position qu'il donne à ses malades; c'est celui de laisser, pendant le broiement, l'instrument toujours appliqué sur le bas-fond de la vessie, ce qui donne lieu, quand le mandrin tourne pour briser un fragment, à la formation de petits copeaux de la membrane muqueuse, qui boursoufflant entre les branches de la pince se trouve atteinte par l'instrument de destruction.

J'abandonne ici, Messieurs, l'examen de cet ouvrage. Cet examen pourrait être sans doute plus détaillé, mais j'ai dû, pour ne pas vous fatiguer, me borner à en faire ressortir les principales imperfections. Seul peut-être je pouvais les faire saillir, puisque depuis long-temps je m'occupe du sujet qu'il traite, et que seul j'ai pratiqué après M. Civiale des opérations de pierre par le broiement. Il m'importait, puisque ce docteur n'a pas su garder avec moi des mesures convenables, de faire sentir combien son travail devait être loin de satisfaire l'Académie, dont le but, si je ne me trompe, en stimulant le zèle des médecins sur un objet important, a été de répandre le bienfait d'une opération utile.

Mais en finissant de m'occuper du livre de mon confrère, je trouve juste de lui donner les louanges qui lui sont dues. Son nouvel ouvrage est assez bien écrit, et nous ne pouvons trop louer son auteur de lui avoir donné sous ce rapport une tout autre valeur qu'à celui qu'il publia sous le titre de *Nouvelles considérations sur les rétentions d'urine*. La différence est telle entre ces deux ouvrages, que nous avons pu supposer un moment qu'ils n'étaient pas du même auteur. Nous avons remarqué aussi avec plaisir que M. Civiale avait su éviter de reproduire dans le travail que nous venons d'examiner, certains passages qui se trouvent dans son ancien écrit, et qui pourraient donner une idée moins avantageuse de son mérite (1).

Fatigué moi-même de la longueur de cette lettre, il m'est pénible de penser, Messieurs, que j'abuse de vos précieux moments; je voudrais m'arrêter ici, mais forcé d'insister par l'importance de ce qui me reste à dire, je réclame de votre bonté encore un peu d'indulgence.

Dans le nombre des malades que M. Civiale dit avoir guéris, il en est un, nommé Courtois, que j'opérai d'abord, et dont l'observation se trouve dans l'ouvrage à la page 213, et qui figure dans le tableau que j'ai dressé sous le n° 81.

Une courte discussion relative à ce malade va me servir pour vous démontrer que M. Civiale, dans le but de continuer à vous décevoir, n'a pas craint de sacrifier la vérité et les convenances; et c'est dans le simple exposé des faits et avec les paroles de ce docteur, que je vais essayer de vous donner une juste idée et de sa véracité et de son éducation.

M. Civiale présente cette observation comme une preuve *que des expériences peuvent être faites sans précaution*, *avec des instruments imparfaits*, *et que ces*

---

(1) Dans l'un de ces passages, M. Civiale se demande si les haricots ou autres corps étrangers, qui, au rapport des auteurs, passent de l'estomac dans la vessie, *suivent*, pour changer ainsi de place, *le torrent de la circulaction*. Ah M. Civiale, pour un docteur..... d'esprit.... (Voyez la citation à la note *E*.)

expériences peuvent être répétées sans danger pour le malade.

Tout en vous faisant observer qu'une telle induction est aussi perfide que peu naturelle, puisque M. Civiale essaie de se faire de la santé de mon malade une arme contre moi, vous remarquerez que ce docteur s'expose ici à une interrogation pressante : comment, par exemple, a-t-il su que je méritais d'être taxé d'imprudence dans les opérations que je pratiquai différentes fois sur M. Courtois? est-ce par ce malade lui-même? non, sans doute; car il est impossible que M. Civiale ait confiance dans le jugement que peut porter M. Courtois, homme de campagne, tout-à-fait incapable d'avoir une pensée sur une semblable matière. Est-ce par les personnes qui ont assisté aux opérations? non, car toutes m'ont assuré n'avoir donné aucun détail à ce sujet. Ainsi, M. Civiale m'a donc simplement calomnié, sans prouver que je fusse imprudent.

Quant aux expériences répétées qu'il dit avoir été faites avec des instruments imparfaits, je lui ferai sentir qu'il est lui-même bien imprudent, d'élever une discussion sur une semblable matière.

Si M. Civiale remplissant les devoirs que lui impose la noble profession qu'il exerce, avait donné des dessins exacts des instruments qu'il emploie, s'il eût donné des règles qui indiquassent la manière de s'en servir; je trouverais peut-être naturel qu'il se permît de blâmer ceux qui, dans l'intention d'opérer un malade par le broiement, feraient usage d'instruments d'une construction nouvelle qui donneraient lieu à de grands accidents.

Mais M. Civiale, au lieu de tenir une conduite aussi honorable, s'est oublié jusqu'à abuser le public médical sur les instruments qu'il emploie : il a donné des dessins qui représentent des instruments *dangereux* autrement faits que ceux qu'il mettait en usage (1); loin de vouloir répandre le bienfait d'une opération utile, il s'est dit, au mépris de ses devoirs, propriétaire de ses modèles, et jusqu'à présent, il a réservé pour lui seul, le talent de celui qui fabriqua ses appareils.

Quels reproches M. Civiale se croirait-il donc en droit de me faire après une telle conduite, et qui faudrait-il accuser si le malade eût éprouvé des accidents, ou du médecin sacrifiant ses veilles et sa fortune pour le soulager, ou de celui qui n'a pas craint d'être la cause de ses douleurs et peut-être de sa perte, en se rendant coupable d'un indécent monopole et de honteuses déceptions ?

Mais heureusement il n'est pas nécessaire de porter une telle accusation; M. Courtois n'a jamais éprouvé

---

(1) Que dirait M. Civiale d'un médecin qui donnerait au public la recette d'une liqueur empoisonnée, afin qu'on ne pût faire, à son imitation, un breuvage bienfaisant sur le débit duquel il établirait les bases d'une fortune à venir? Que dirait-il surtout si, après une telle action, ce médecin osait prétendre à d'honorables récompenses? (Voyez la note *F*.)

ces accidents : toujours dispos après avoir été opéré, il a pu toutes les fois faire ses promenades journalières ; en un mot, il n'a éprouvé que les symptômes d'irritation qui accompagnent ordinairement chez tous les sujets l'introduction des instruments et la présence des fragments de pierre au col de la vessie.

Au surplus, faut-il autre chose pour prouver les intentions désobligeantes de M. Civiale, que de comparer les accusations que ce docteur se permet à mon égard, et l'état dans lequel se trouvait M. Courtois? Cet homme est venu, pour voir M. Civiale, à pied, de Sceaux à Paris ; il était plein de santé, souffrant peu de sa pierre, enfin dans une situation parfaite, puisqu'il supporta cinq applications à trois jours d'intervalle. M. Civiale trouve-t-il les preuves de mon imprudence dans la santé florissante de mon malade? est-ce aussi cet état de calme qui lui prouve que j'ai fait subir à M. Courtois des opérations répétées avec des instruments imparfaits? En vérité, M. Civiale devrait être plus adroit, puisqu'il se croit obligé, pour réussir, de prendre des routes aussi tortueuses.

M. Courtois fut le premier calculeux que j'opérai. Inventeur d'un appareil opératoire tout-à-fait nouveau, que rien ne rappelle dans les arsenaux de chirurgie, j'avais fait seulement sur le cadavre beaucoup d'experiences, mais pour la première fois j'allais en faire l'application sur un malade. Je ne cache pas que, privé des lumières que je devais attendre de l'opérateur qui m'avait précédé, je ne fis les différentes applications de mes instruments qu'avec crainte, timidité et à très-longs intervalles. Peu habitué à manier de tels instruments, je trouvai peut-être dans l'innocuité que présentait leur construction, la cause du bonheur que j'eus de ne produire aucun accident. Je fis sur M. Courtois neuf tentatives en tout : quatre seulement furent infructueuses; mais les autres et surtout les deux dernières, furent couronnées du plus grand succès. M. Courtois rendit, après chacune d'elles, plusieurs fragments et une grande quantité de détritus. Ce fut après ces dernières opérations qui ne laissaient à ce malade que quelques fragments de pierre, qu'il fut *enlevé* par ses parents de la maison où il était, pour trouver dans M. Civiale celui qui devait, sans beaucoup d'efforts, le rendre tout-à-fait à la santé.

Ainsi ce dernier n'a donc pas prouvé l'impuissance de mes moyens pour guérir M. Courtois, car j'avais déja fait le plus difficile de l'opération, qui était d'entamer les calculs lorsqu'ils étaient entiers. M. Civiale dira bien que je n'y suis pas parvenu : mais comment alors M. Courtois, n'éprouvant pas de soulagement, et ne voyant pas sortir de pierres, serait-il resté sept mois dans mes mains? M. Civiale dit aussi qu'il a trouvé dans la vessie de ce malade une pierre du volume d'une grosse noix. Certes, je ne suis pas étonné que ce médecin juge convenable d'affirmer avoir trouvé une pierre d'un tel volume, mais je suis étonné qu'il l'ait effectivement rencontrée, car lorsque je commençai à pratiquer cette opération, je m'aperçus bien qu'il y en avait plusieurs, mais aucune ne me sembla avoir ce volume. M. Civiale avance donc une chose fausse, et je le prouve par le peu de séances qu'il mit à enlever une pierre si volumineuse, puisque plusieurs des observations que contient son livre constatent qu'il a mis un temps beaucoup plus long à extraire des pierres grosses comme des amandes ou des avelines.

Ainsi, Messieurs, relativement à l'observation de M. Courtois, il ne restera dans votre esprit autre chose, sinon que M. Civiale sentant la nécessité d'infirmer le jugement de l'Académie qui a vu dans mes procédés des avantages que n'ont pas ceux qu'il emploie, a, contre les convenances et les lois d'urbanité qui doivent exister entre des médecins, opéré un malade à moi (1), que j'avais opéré avec succès, et qui allait me devoir incessamment son entière et parfaite guérison.

Si M. Civiale, au lieu de tenir une conduite que réprouveront tous les hommes bien nés, m'eût fait appeler comme il le devait, lorsqu'il fut consulté par M. Courtois, il m'eût mis, si j'eusse été impuissant, dans la nécessité de dévoiler cette impuissance, et il eût atteint beaucoup mieux le but qu'il se proposait. Ne l'ayant pas fait, il a agi maladroitement, et n'a prouvé autre chose que le besoin de me nuire et un

---

(1) Voyez dans les tableaux au n° 62, l'observation d'un malade de M. Civiale que je refusai de traiter, parce que j'ai reçu une bonne éducation.

choix peu délicat dans les moyens qu'il voulait employer pour arriver à ce résultat.

Vous jugerez, Messieurs, si c'est avec de telles armes que M. Civiale devait me combattre, si c'est en employant de semblables moyens qu'il a pu se rendre digne de prétendre à des lauriers académiques et à un prix fondé dans un but tout philanthropique. Vous estimerez si, auteur d'un procédé nouveau, publiquement (*G*) et heureusement (*H*) mis en usage, auquel, sans avoir causé de revers, un assez grand nombre de malades doivent déja leur guérison, je ne suis pas fondé à récuser un compétiteur qui n'est pas plus auteur de la méthode (1) de briser les pierres dans la vessie qu'il n'est l'auteur du procédé (*I*) qu'il emploie; dont les opérations ne présentent pas évidemment des chances plus favorables que la taille; qui depuis trois années abuse l'Académie sur les résultats de sa pratique, et le public médical par des gravures infidèles; qui donne des observations tronquées et incomplètes; et enfin, qui ne craint pas de tendre une main entachée de monopole, pour recevoir un prix destiné au médecin philanthrope.

Je finis cette lettre que demandait la vérité trahie.

---

(1) Lisez la traduction du travail que M. Gruithuisen a fait insérer en 1813 dans la gazette Médico-Chirurgicale de Saltzbourg. Long-temps attendue par le public, cette traduction détruira certaines prétentions, et ne laissera dans votre esprit aucun doute sur la franche paternité de ce médecin. Je l'ai fait imprimer à la suite de cette lettre, et elle se trouve à la page 69.

Je regrette de n'avoir pu lui donner des formes plus douces. J'ai cherché à retenir des expressions que vous condamnerez peut-être, mais il fallait un langage au sentiment qui me les a dictées, et c'est à celui qui a pu le faire naître que vous devrez en faire le reproche. Je ne pouvais, sans me manquer à moi-même, subir le désavantage d'être jugé par M. Civiale, et j'ai dû effacer de votre esprit le mal qu'il a pu me faire. Si ce docteur, mieux conseillé, eût gardé avec moi une retenue salutaire, je n'eusse jamais pensé à appeler sur lui des regards qu'il ne pourra soutenir. Dans la position fausse où s'est placé M. Civiale, il devait se taire (*K*), se contenter d'avoir été le premier à employer une méthode qui pourra devenir plus utile, et s'estimer fort heureux que des circonstances favorables lui aient permis d'utiliser le résultat de conceptions étrangères.

NOTES.

(*A*)

(*Extrait du programme des prix décernés par l'Académie Royale des Sciences, dans la séance publique du lundi* 5 *juin* 1826.)

D'après l'avis unanime de sa commission, l'Académie a décidé qu'il ne serait pas décerné de grands prix pour l'année 1825, et que, sur la somme destinée à ce noble emploi, il en serait prélevé une de 16,000 francs pour être distribuée à titre d'encouragement de la manière suivante :

Pour la médecine.

A M. le docteur Louis, auteur d'un ouvrage ayant pour titre : *Recherches anatomico-pathologiques sur la phthisie*, deux mille francs.

Pour la chirurgie.

A M. le docteur Civiale, qui a publié plusieurs Mémoires importants sur la lithotritie, ou sur les moyens de broyer les calculs dans la vessie urinaire, et qui a fait avec succès le plus grand nombre d'opérations sur le vivant, une somme de *six mille francs*.

Une somme de *deux mille francs* à chacun des trois médecins dont les noms suivent par ordre alphabétique :

A M. Amussat, auteur d'un Mémoire très-remarquable sur la structure du canal de l'urètre.

A M. Heurteloup, auteur d'un Mémoire sur l'extraction des calculs par l'urètre, et qui a *très-ingénieusement perfectionné* les instruments adaptés à cette opération.

A M. James Leroy (d'Étiolles), qui a publié en 1825 un ouvrage sur le même sujet; et qui a LE PREMIER, en 1822, fait connaître les instruments qu'il avait inventés et qu'il a depuis essayé de perfectionner.

(B)

Dans la note que contient le livre de M. Civiale, à la page 68, ce docteur prétend *que j'ai apporté des modifications à son appareil opératoire, qu'il m'avait montré et dont il m'avait expliqué le mécanisme.* Il dit *que j'ai cru que la pince à quatre branches dont il ne se sert que rarement pouvait être employée dans la généralité des cas*, etc. etc. etc.

Relativement à ce paragraphe que j'abrége, nulle discussion n'est possible : je renvoie M. Civiale à sa conscience ou plutôt à sa mémoire, qui lui dira qu'il ne m'a montré qu'une pince à trois branches, du diamètre énorme de quatre lignes et demie au moins, avec laquelle il m'a dit avoir opéré; que cette pince était sans crochets, et surtout sans l'appareil nécessaire pour empêcher l'eau de s'écouler, ce qui devait, si j'eusse agi avec un instrument semblable, me mettre dans la position de ne pouvoir le retirer qu'avec une portion de la vessie. Je laisse à juger comment cette confidence de M. Civiale devait me servir, et je renvoie, pour en expliquer l'intention, à la lettre que j'écrivis il y a quelques mois dans les Archives de médecine, et que j'ai fait imprimer à la suite de cette défense.

Quant à l'analogie qu'il veut faire admettre entre mes instruments et ceux qu'il emploie, je vous laisse, Messieurs, le soin de l'apprécier. Ces appareils diffèrent tellement dans leur construction, leur action et la manière de s'en servir, que si, après les avoir examinés attentivement, on voulait y trouver une parfaite analogie, on ne la trouverait pas même dans la rectitude des instruments, puisque je puis à volonté courber leur extrémité, mais seulement dans le métal dont ils sont composés. Ainsi je serai parvenu à briser les pierres dans la vessie par des moyens neufs dans leur ensemble et dans leurs détails, et je n'aurai pas seulement apporté des modifications à un appareil opératoire que M. Civiale appelle à tort son appareil, car les auteurs, que je sache, ne le lui ont ni donné ni vendu.

M. Civiale dit dans la même note : *l'appareil de M. Heurteloup au lieu d'avoir les avantages que l'auteur lui reconnaît, présente les inconvénients suivants :*

Son volume doit en rendre l'application souvent difficile. Le plus volumineux de mes instruments a trois lignes et demie, calibre ordinaire de ceux de M. Civiale ; une grosseur plus considérable m'est inutile, car l'effet ne serait pas plus grand. La plus ou moins forte attaque que je puisse faire à la pierre ne dépend pas du volume du tube extérieur, mais bien de l'inclinaison de la tige du mandrin qui la détruit ; c'est cette inclinaison augmentée qui fait que j'augmente la quantité du détritus. Envisagés sous ce point de vue, mes instruments ne conservent pas d'analogie avec l'appareil de M. Civiale, dont l'action plus grande est en raison directe du volume qui doit parcourir l'urètre.

Lorsque je me sers d'un instrument d'un plus gros diamètre que trois lignes et demie, c'est pour qu'il remplisse exactement le canal, et que l'eau ne s'écoule pas entre les parois de ce dernier et le tube extérieur. Cette perte de l'eau donne lieu à des inconvénients assez graves, pour qu'il devienne important d'établir en précepte de l'éviter.

Du reste, lorsque le canal est d'un petit diamètre, je me sers d'un instrument d'un volume approprié. Sur onze malades qui ont déja été soumis à mon traitement, je suis parvenu dans leur vessie sans préparer leur canal, ni dans le but d'habituer ses parois à la présence d'un corps étranger, ce qui d'ailleurs est plus nuisible qu'utile, ni dans celui de le dilater.

Il faut dire aussi que l'entrée de mes instruments est facilitée par la forme de leur extrémité qui est un peu moins volumineuse que le corps. Il n'en est pas de même dans ceux que M. Civiale emploie : ces instruments présentent à leur extrémité une olive volumineuse, de manière que lorsque ce chirurgien annonce se servir d'une pince de trois lignes et demie de diamètre, il fait parcourir le canal par une olive qui en a quatre et demie. On peut s'assurer de la vérité de ce que j'avance en examinant les planches de l'ouvrage que M. Civiale vient de publier.

Dans la note que j'examine, après avoir émis son opinion défavorable sur les différentes parties qui concourent à former mon appareil opératoire, M. Civiale passe à l'examen du lit qu'il veut bien appeler mécanique, quoiqu'il soit d'une construction fort simple, et que j'ai jugé nécessaire pour parvenir à faire des opérations exemptes de douleurs et de dangers.

Il dit *que le malade est assujetti sur ce lit par des courroies de manière à se trouver dans une position gênante, et à éprouver des sensations pénibles.*

Tout en rappelant que M. Civiale n'a pas vu la chose dont il parle, je ferai remarquer qu'il s'effraie mal à propos de l'usage des courroies. Nullement destinées à attacher le malade, elles l'empêchent simplement de franchir les limites que j'ai assignées à son corps. Aucun des membres n'est étreint, la position n'est pas gênée, et aucune sensation pénible ne se fait sentir. Que M. Civiale veuille bien consulter M. le baron Dupuytren, les chirurgiens qui le secondent dans ses importantes fonctions, et trois cents jeunes gens qui me virent opérer un malade à l'Hôtel-Dieu : on lui redira, encore une fois, que ce malade n'éprouvait rien de pénible sur ce lit; car il disait, pendant que le limon de sa pierre sortait par mon instrument, qu'il s'y trouvait si bien, qu'il se sentait le besoin de dormir.

Du reste, je n'emploie pas des courroies, mais une sangle rembourrée vers le centre. Le milieu de cette sangle est appliqué derrière le col, et chacun des côtés passant au-devant des épaules, va s'attacher à un bouton qui se trouve sur les côtés du lit et à la hauteur du bassin. Avec cette espèce de chasuble, le malade ne peut reculer, et c'est tout ce que je veux obtenir. Ainsi nous regardons comme déraisonnable l'amplification de M. Civiale.

Ce docteur dit encore en parlant de ce lit : *qu'on lui imprime quelquefois des mouvements brusques, d'où il résulte que la tête du malade se trouve en bas et les jambes en haut, que cette position est effrayante et peut offrir des dangers.*

Je rappelle encore que M. Civiale n'a pas vu la chose dont il parle, ce qui donne à conclure que ce docteur s'effraie ici par procuration. Quoique l'inclinaison de ce lit n'atteigne pas le degré nécessaire pour rendre tout-à-fait juste la description pittoresque qu'il veut bien faire de la position du malade, cette inclinaison est cependant assez forte pour la faire considérer comme position renversée, mais en faisant observer cependant que toute la partie supérieure du tronc et la tête se trouvent sur un plan horizontal. Cette position, je la regarde non-seulement comme utile, mais souvent nécessaire, car elle aide merveilleusement à prendre la pierre ou ses fragments, sans qu'il soit besoin de les renvoyer au fond de l'organe en imprimant à l'instrument des mouvements de titubation, mouvements qui, faits dans ce sens, sont toujours accompagnés d'une douleur considérable. Elle fait encore que, lorsqu'on se sert de la pince de M. Leroy (d'Étiolles), on prend beaucoup plus souvent les fragments d'une manière centrale, chose qui n'arrive que rarement lorsque le malade se trouve dans une position simplement horizontale. Du reste, que M. Civiale veuille bien consulter les malades que j'ai guéris, et dont je vais lire incessamment l'histoire à l'Institut: ils lui diront qu'ils sentaient si bien la différence de ces deux positions, sous le rapport des sensations que l'instrument leur faisait éprouver, qu'ils me demandaient avec instance de faire incliner le lit.

Quant aux mouvements que M. Civiale qualifie de brusques; s'il m'avait vu opérer, il se serait servi d'un autre terme, qui peindrait beaucoup mieux la chose. Les mouvements, quand on abaisse le lit, sont au contraire extrêmement doux et mesurés. Ce n'est que lorsque la pierre ou ses fragments ne se présentent pas à l'endroit diamétralement opposé au col, et restent au-dessous de ce dernier, que l'aide, élevant la partie postérieure du lit à un pouce du sol, le laisse retomber. Ce choc détermine la position favorable de la pierre, qui, saisie facilement, est soumise au broiement qu'on effectue après que le lit a été relevé. Ce dernier mouvement se fait aussi avec la plus grande facilité et la plus grande douceur.

Du reste, lorsque la position de la pierre est favorable, je n'imprime aucun mouvement à ce lit, et j'opère le malade dans une position horizontale. Il suffit de voir alors avec quelle aisance les recherches et le broiement s'exécutent, pour admettre la bonté d'un appareil dont M. Civiale seul conteste avec assez de légèreté le grand avantage.

Il est encore une chose que M. Civiale trouve mauvaise; c'est la pièce de métal destinée à tenir l'instrument, chargé de la pierre, fixe et inébranlable. Il dit : *Une tige de fer sert à fixer l'instrument pendant l'opération. Cette espèce de support ne permet pas de varier la position de l'appareil autant que peuvent l'exiger les sensations du malade, qui pourrait se blesser, si, pendant l'opération, des mouvements involontaires avaient lieu.*

J'ai à opposer à l'opinion que M. Civiale émet sur une chose qu'il n'a toujours pas vue, l'assentiment unanime de tous les médecins qui ont assisté à mes opérations. Tous, sans exception, ont admis l'essentiel avantage de cette tige de fer; tous, devant moi, ont condamné l'emploi de la main d'un aide pour contenir l'appareil. J'oppose encore à M. Civiale, M. Civiale lui-même, qui, disant *que cette espèce de support ne permet pas de varier la position de l'appareil autant que peuvent l'exiger les sensations du malade*, avoue que ses malades éprouvent des sensations pénibles. Or, jamais par mon procédé ils n'éprouvent ces sensations, et jamais je n'ai besoin de donner une autre direction à l'instrument. En admettant, du reste, que cela soit nécessaire, il m'est si facile de rendre la liberté à la pince et d'en changer la direction, que je doute beaucoup que M. Civiale soit aussi prompt à opérer le même mouvement, lorsqu'il est nécessaire, pour l'effectuer, qu'il fasse préliminairement comprendre à son aide ce qu'il attend de lui pour soulager le malade.

Cette tige de fer présente encore un immense avantage, c'est celui de rendre infiniment plus facile le temps de l'opération, qui consiste à donner une autre position au fragment de pierre, afin de l'attaquer dans un autre sens, et cela sans le lâcher. Dernièrement encore, et devant plusieurs médecins, un fragment a été attaqué sept fois sans retomber dans la vessie, et cela graces à la tige de fer jugée si défectueuse, et aux plateaux que j'ai ajoutés à l'extrémité des branches de la pince de M. Leroy.

Quant aux mouvements volontaires que M. Civiale suppose être possibles, parce que sans doute la douleur que cause son instrumentation les a rendus nécessaires, je ne les ai pas observés; tous les malades qui ont eu recours à moi se sont contenus. Mais si M. Civiale admet la possibilité et le danger de ces mouvements, pourquoi condamne-t-il le soin que j'ai apporté à empêcher leurs fâcheux résultats? Ce médecin n'est donc pas conséquent.

Cette note, assez longue, suffira, je crois, pour faire connaître une chose évidemment bonne, dont on peut apprécier les avantages à la première vue; mais on n'attendra pas sans doute de moi, que je réponde aux objections que fait M. Civiale relativement à mon appareil opératoire, sous le rapport de son mécanisme. Dire que ce médecin n'y comprend rien, puisqu'il ne l'a ni vu ni étudié, c'est faire admettre la convenance du motif qui me force à me taire. Une note, d'ailleurs, ne permettrait pas de donner des détails suffisants pour instruire M. Civiale, à qui cependant je veux bien dire, pour *calmer ses inquiétudes*, que la pince servante n'est pas destinée à saisir les grosses pierres, mais que je l'emploie pour reconnaître leur position et les placer convenablement, afin qu'elles soient plus facilement prises par la maîtresse pince qui les saisit alors à la manière du forceps; que cette maîtresse pince s'ouvre toujours entre la pierre et le col de la vessie, car elle est spécialement destinée à cela; que non seulement elle peut saisir de fort grosses pierres, mais que l'opération est d'autant plus brillante, que ces pierres sont d'une assez grande dimension; que lorsqu'il importe de lâcher une pierre saisie, je le fais sans difficulté, et que je ne risque jamais, comme avec la pince à trois branches, de ne pouvoir m'en débarrasser; que, pour briser une pierre et la réduire quelquefois au tiers de son volume, je n'ai besoin que de la saisir une seule fois; que je puis apprécier non seulement le volume, mais encore la forme de la pierre saisie; que mon perforateur est d'une solidité parfaite, à l'épreuve des pierres les plus dures, des manœuvres les plus irrégulières et de la volonté la plus forte pour le briser pendant l'opération; que j'offre à M. Civiale d'en faire lui-même l'expérience publique, bien persuadé qu'il emploiera inutilement son adresse et sa force pour prouver ce qu'il a avancé avec beaucoup plus d'inconséquence que de raison.

Je veux bien encore dire à M. Civiale qui me fait le plaisant reproche de me servir comme lui de la pince à trois branches, que M. Leroy ne m'en a pas interdit l'usage; que conséquemment j'ai jugé à propos de l'employer dans quelques cas, comme, par exemple, lorsqu'il s'agit de prendre et de broyer une pierre d'un petit diamètre, ou une pierre plus volumineuse, mais très-molle, ou les morceaux qui résultent de mon instrumentation, et qui, affectant une forme aplatie, sont plus facilement détruits avec ce genre d'instrument; ou bien encore lorsqu'il s'agit de retirer par le canal des morceaux de pierre molle, qui ne sortent pas, par la raison que, composés d'une matière lithique et d'une grande quantité de mucus, elles sont spongieuses, se recollent au simple contact après avoir été séparées, et s'engagent alors difficilement, etc., etc. Je dirai encore que cette pince, dont je n'ai jamais contesté l'utilité, mais que j'ai toujours regardée avec raison comme insuffisante, comme le prouvent de reste les observations de M. Civiale, entre comme partie accessoire dans la composition de mon appareil, mais qu'elle y entre avec toutes les modifications que demandent les différents cas qui se présentent.

M. Civiale apprendra, de plus, que je me suis servi de cet instrument à l'Hôtel-Dieu, en séance publique, afin que l'on vît qu'il était facile d'opérer avec la pince de M. Leroy construite à la manière de son auteur, et pour ôter à M. Civiale la possibilité de s'opposer à la propagation de la méthode de M. Gruithuisen, en récriminant contre la mauvaise construction des instruments qu'on serait tenté de mettre en usage sans l'assentiment de ce docteur. Enfin, en opérant publiquement avec la pince de M. Leroy, j'ai fait connaître qu'il ne fallait pas absolument, pour pratiquer ce genre d'opération, posséder des instruments construits par un ouvrier qui ne veut en fabriquer que pour M. Civiale.

Plusieurs médecins, parmi lesquels se trouvent M. le professeur Lallemand, de Montpellier, se sont déja procuré des appareils chez mon mécanicien, M. Henri Greiling, quai Pelletier, n° 36 (1), dont l'habileté est maintenant si connue. Ces appareils, construits sous mes yeux, sont par-

(1) M. Greiling va demeurer quai de la Cité, n° 33, maison Duhamel.

faitement exécutés et réunissent toutes les conditions que je développerai dans mon ouvrage. Je conseille donc à M. Civiale de ne plus se constituer en frais inutiles auprès de son fabricant, qui doit lui prendre fort cher pour lui réserver exclusivement le fruit de son industrie. M. Civiale a probablement déja senti que ces frais seraient en pure perte, et je ne serais pas étonné que depuis quelque temps il n'eût permis de délivrer quelques appareils, afin de se mettre en mesure contre des accusations d'un monopole que, d'ailleurs, il voit lui échapper bien malgré lui.

(C)

M. Civiale ajoute bien que les autres malades qui sont morts, ont succombé à des affections étrangères au traitement. Cela est possible sans doute, mais celui qui pratique la taille pourrait en dire autant. Si cette défense était adoptée par l'Académie, je n'hésiterais pas à promettre de guérir toujours. Du reste, je le dis en passant, l'introduction des instruments dans la vessie, les recherches, impriment souvent à l'économie un trouble dont il est souvent difficile de surprendre le mécanisme. Il faut bien se défendre de regarder cette opération comme tout-à-fait innocente, pratiquée sur l'homme même le plus sain et le mieux disposé. M. Civiale ne pourra me contredire sur ce point, car je trouve dans ses observations vingt-sept malades qui ont éprouvé des accidents graves; encore je néglige les malades taillés après des essais fructueux ou inutiles, et les cinq qui sont morts dans l'année qui a suivi leur traitement, qui a pu être pour quelques-uns la cause occasionnelle de leur perte. Certainement M. Civiale n'a pas la prétention d'assigner des limites aux désordres que peut produire son instrumentation; et puisque sur les sujets guéris par le broiement, dix-neuf ont éprouvé des maladies graves, il a pu se faire que huit mourussent de ces mêmes maladies, mais portées à un plus haut degré d'intensité.

(D)

J'appelle cette pièce un instrument de nouvelle fabrique, parce que M. Civiale, sachant que les pinces qui entraient dans la composition de mon appareil, qui avait été *jugé très-perfectionné par l'Académie*, avaient des branches mobiles, s'empressa de faire construire l'espèce de mécanique qui est dessinée dans son ouvrage sur la planche 3, n° 5, et de la présenter à ce corps savant, dans sa séance du 10 juillet 1826. En montrant cette pince six mois après la mienne, M. Civiale annonça *qu'il était parvenu à perfectionner ses instruments lithontriptiques, au point de briser plus promptement les calculs urinaires, et qu'avec ces instruments ainsi* PERFECTIONNÉS *il pouvait broyer sans aucun danger les pierres d'environ dix-huit lignes de diamètre, ce qu'on n'avait encore pu faire avec les instruments inventés jusqu'ici.*

Or, comme M. Civiale ne peut pas se servir de cette pince, dont le mécanisme est vicieux, puisque, la pierre prise et le mandrin déployé, on ne peut faire jouer l'archet, nous rangerons la fabrication et la présentation de cet instrument *de circonstance* parmi les moyens honnêtes employés par notre confrère dans l'intention d'abuser l'Académie.

Ce moyen de rallier à soi des idées premières qui peuvent être heureuses, a une parfaite analogie avec celui employé dernièrement par M. le docteur Ségalas.

Sachant que j'avais déposé au secrétariat de l'Institut des dessins représentant un appareil pour voir dans la vessie, au moyen des lampyres vulgairement appelés *vers luisants*, ce docteur s'empressa de faire construire un appareil à réflexion, qu'il présenta à l'Académie comme étant propre à atteindre le même but, mais sans rappeler que je fusse l'auteur de l'idée première.

Or, M. Ségalas savait bien qu'on ne voyait pas dans la vessie au moyen de son appareil; mais, par cette petite manœuvre, il fit parler de lui sans rien faire d'utile, et il refroidit mon zèle pour donner suite à des expériences qui, peut-être, auraient pu avoir un résultat avantageux. Je n'aurais pas cru M. Ségalas capable de ce procédé.

(E)

Les Mémoires de la Société d'Édimbourg contiennent des exemples dans lesquels des aiguilles avalées auraient été trouvées dans la vessie. Au rapport de Pouteau, des haricots blancs auraient aussi passé de l'estomac dans la poche urinaire, etc. *Si les faits rapportés sont exacts, ces corps suivent-ils le torrent de la circulation?* (Nouvelles Considérations sur la rétention d'urine, page 115.)

(F)

M. Civiale vient encore de donner dans son nouvel ouvrage une preuve qu'il persiste dans l'aveu d'une telle action. Il dit textuellement (page 38), après avoir fait la description de l'appareil dont il se sert maintenant: *Cet appareil, très-simple et très-facile en raison de l'espace illimité dont on peut disposer, était exécuté en* 1820, *époque à laquelle des motifs de santé me firent quitter Paris pour quelques mois.*

Or, après une phrase si claire, il ne s'agit plus que d'examiner les planches de l'ouvrage que M. Civiale donna en 1823, pour trouver en lui un homme *assez coupable* pour que sa faute ne soit plus du ressort d'une Académie.

(G)

M. Civiale a bien appelé, pour assister à ses opérations, beaucoup de médecins; mais croit-il avoir fait des opérations publiques?

Certes, s'il a fait voir à ces Messieurs qu'il pouvait prendre et briser des pierres dans la vessie, il s'est mis pour cela dans la circonstance la plus favorable. Lorsque l'opération a bien marché, il laissait le malade en évidence; dans le cas contraire, il se gardait d'appeler des témoins. Je ne veux pas ici lui reprocher d'en avoir agi ainsi; mais je veux essayer de lui faire comprendre, que j'appelle une opération publique, une opération pendant tout le temps de laquelle les yeux du public sont fixés sur le malade, qu'on ne peut soustraire à son investigation; pendant laquelle ce public peut apprécier les suites de l'instrumentation. Je veux qu'il sache qu'une opération de ce genre est publique, lorsqu'un chirurgien en chef d'hôpital peut faire des objections, saisir le moment où l'opérateur fait une faute, pour la faire saillir; s'assurer inopinément si une pierre est saisie quand elle est annoncée être saisie, si l'action des instruments est bien réelle, et enfin vérifier l'état des pinces au sortir de la vessie.

Je demande à M. Civiale, qui n'a pas osé se soumettre à une telle investigation, puisqu'il a refusé d'opérer deux malades à l'Hôtel-Dieu, que serait devenue sa réputation, s'il eût opéré publiquement M. Turgot, auquel il enleva une portion de la vessie, puisqu'il résulta de son instrumentation une fistule recto-vésicale qui fut guérie par la taille.

(*H*)

J'ai *introduit mes instruments* dans la vessie de onze calculeux; neuf sont guéris, dont sept sans avoir éprouvé d'accidents. Le traitement du huitième a été interrompu par un melæna, et le neuvième a été guéri par la taille, après avoir été soumis deux fois à l'emploi de mon procédé. Ce dernier malade est M. Neurorh, médecin de Landau. Ce docteur croyait, malgré l'assurance que je lui donnai d'abord du contraire, qu'il n'avait plus que quelques fragments d'une pierre, dont il avait rendu quelques portions. Mais lorsque l'opération lui fit connaître qu'il se trompait, puisque l'instrument marquait des pierres d'un pouce de diamètre, il eut recours à la taille bilatérale, car la place qu'il occupait dans son pays ne lui permit pas de rester à Paris le temps nécessaire pour se faire traiter par le broiement. Ce traitement devait être effectivement fort long, car la vessie de ce malade contenait huit pierres, chacune, comme je l'avais annoncé pour quelques-unes, d'un pouce de diamètre. Les personnes qui assistèrent à cette opération, qui fut pratiquée par M. Dupuytren, purent s'assurer du dégât que mes instruments avaient produit en si peu de temps dans ces pierres, dont quelques-unes étaient brisées, et l'une d'entre elles était évidée comme un œuf. Cette observation est extrêmement curieuse, en ce qu'elle laisse prendre, pour ainsi dire, l'action de l'instrument sur le fait. Du reste, ce malade n'eut aucune espèce de malaise, car il fut taillé quatre jours après la deuxième application.

Les deux derniers malades sont encore en traitement: l'un a supporté plusieurs applications, et probablement va bientôt être guéri; et l'autre est M. Désaugiers, qui serait depuis long-temps débarrassé, si une conformation particulière n'empêchait l'introduction des instruments droits dans toute leur longueur. J'ai déja enlevé une assez grande quantité de pierres à ce dernier malade, mais je n'ai pu le faire qu'avec des instruments fortement courbés vers leur extrémité. Depuis quatre mois je ne lui ai pas fait d'applications, parce que le vice de conformation qui ne permettait dans le principe que l'introduction d'instruments courbes est plus prononcé maintenant. Cela tient probablement au gonflement plus considérable de la prostate. Plus volumineux, cet organe nécessite dans l'instrument une courbure qui, portée à un plus haut degré, est nuisible au développement de la pince, et conséquemment à sa manœuvre. J'attends donc du repos une condition plus favorable, afin de pouvoir enlever le reste des calculs. Du reste, M. Désaugiers est dans un état peut-être plus supportable qu'avant le broiement, car il peut se livrer aux fatigues très-grandes que nécessite la place qu'il occupe à la tête de l'administration de l'un des théâtres de Paris.

Tels sont les résultats que j'ai obtenus depuis une année. On voit que non seulement presque tous mes malades sont guéris, mais qu'ils sont guéris sans fièvre et sans accidents, à l'exception d'un seul: encore faudrait-il s'assurer s'il y a un rapport bien immédiat entre le melæna éprouvé par ce dernier et l'opération. Sur cela je laisse porter un jugement.

Comme j'ai prouvé que les deux tiers des malades de M. Civiale avaient eu des accidents graves, et qu'il avait perdu le sixième des calculeux opérés par lui, non seulement je prouve la supériorité des procédés dont je me sers sur ceux qu'il emploie, mais je fais encore ressortir l'imperturbable assurance de mon confrère, qui proclame que la lithotritie, telle qu'il la pratique, n'a pas besoin de moyens auxiliaires.

(I)

Je ne crois pas avoir besoin de prouver ce que l'Académie a reconnu et proclamé, puisqu'au mois de juin dernier elle a donné un encouragement à M. James Leroy (d'Étiolles), pour avoir le PREMIER fait connaître les instruments en question. Mais pour corroborer le jugement porté par ce corps savant de toutes les preuves nécessaires, il n'est besoin que de consulter la lettre que j'écrivis à M. le rédacteur des Archives dans le cahier de mars 1826, en réponse à celle que M. Civiale fit insérer dans le cahier de janvier de la même année pour réclamer contre l'analyse que je fis dans ce temps de l'ouvrage de M. Leroy.

Cette lettre est imprimée à la fin de cette brochure, à la page 92.

Nous avons fait graver à la suite de cette lettre une planche qui représente le quadruple vésical de Franco; le tire-balle d'Alphonse Feri; la pince imitée de Franco que M. Civiale a fait graver en 1823, et qu'il a produite alors dans le monde comme son seul et véritable enfant; la pince que M. Leroy a imitée d'Alphonse Feri; et enfin la pince avec laquelle M. Civiale a fait ses opérations. L'exacte ressemblance qu'on observera entre ces deux derniers instruments, déterminera sans doute à prononcer en faveur de M. Leroy, sur un point de discussion qui, depuis long-temps, aurait dû être résolu à l'avantage de ce docteur.

(K)

Si M. Civiale eût été prudent, je n'eusse jamais pensé à le déposséder d'une considération que l'on aurait pu attribuer à son mérite, et non à un savoir-faire particulier. S'il eût agi avec moi d'une manière honorable, je n'eusse pas été approuvé de mettre, à le produire au grand jour, une insistance aussi grande; et même je n'eusse pas jugé convenable de le faire, dans l'intérêt de ma réputation de confrère sociable. M. Civiale a donc commis une faute grave en me mettant dans la nécessité de me défendre. Pourquoi n'a-t-il pas profité tout simplement de sa position? Par le seul fait du broiement et de l'extraction de quelques portions d'un calcul hors de la vessie, un homme, quel qu'il soit, fût-il un sot et un ignorant, devait attirer avec justice l'attention générale. Du moment où M. Civiale avait prouvé par l'expérience ce que d'autres avaient trouvé possible par induction, il a fallu que sa réputation s'accrût, indépendamment d'un mérite dont probablement il donnera des preuves (1). Comment n'a-t-il pas jugé qu'il devait s'en tenir

(1) M. Civiale devrait bien essayer de faire *acte d'imagination* en donnant au public quelque chose de nouveau que personne ne puisse revendiquer. Il devrait suivre en cela l'exemple de M. Leroy, qui prouve par d'ingénieux travaux, autres que ceux qui ont rapport au broiement de la pierre dans la vessie, qu'il a pu imaginer ceux à l'invention desquels il prétend. Les essais que notre docteur a pu faire jusqu'à présent pour faire tourner l'opinion dans ce sens n'ont pas été heureux. Ce qu'il a présenté jusqu'à présent ne peut raisonnablement être considéré que comme de véritables facéties. Cette mécanique, qu'il représente dans la planche V de son ouvrage, pour briser les pierres trop grosses qui ne pourraient sortir par l'ouverture faite en pratiquant la taille, ne peut servir. On pouvait faire bien autre chose pour arriver à ce but, mais M. Civiale ne pouvait pas sans doute sortir du mécanisme de l'instrument représenté; n'ayant *appris à imaginer* que des instruments à trois branches, c'est un instrument à trois branches qu'il propose. Il est encore une conception de M. Civiale qui est malheureuse; c'est celle de cet instrument qu'il a imaginé pour pratiquer la taille : c'est tout simplement une lame triangulaire et tranchante, qu'il appelle, je crois, *truelle périnéale*, et qu'il veut enfoncer dans le périnée des pierreux. Il me semblait que l'opération de la taille ainsi pratiquée avait eu assez de détracteurs parmi nos grands chirurgiens, pour qu'on n'osât pas y revenir, sous peine de ridicule. M. Civiale ignore-t-il

là, et ne pas faire naître, par ses procédés, une polémique que ses antécédents devaient lui rendre si redoutable? En se montrant juste et non envahisseur du bien de ses confrères, il n'éveillait pas leurs reproches mérités; et il eût trouvé en eux des appréciateurs bienveillants, qui ne l'auraient pas, à la vérité, considéré comme un homme supérieur, mais qui l'auraient estimé, car il se fût rendu recommandable à leurs yeux par d'utiles travaux, sans avoir eu recours, pour les faire saillir, à des moyens qui feraient déchoir dans l'opinion la réputation la plus justement établie.

---

donc que son instrument faisant une large ouverture à la peau, atteint à peine la vessie; et que c'est pour remédier à cet inconvénient qu'on a fait le lithotome caché? M. Civiale ne saurait-il pas cela? son instrument le ferait croire. Nous ne parlerons pas du cathéter conducteur de Guérin, que notre *industriel* docteur donna comme étant de lui. Dans le temps, on a considéré cette prétention émise devant un des premiers corps savants de France comme une tentative de déception aussi inconvenante qu'audacieuse, ou comme la preuve d'une grande ignorance des faits chirurgicaux les plus connus. C'est encore une des honorables alternatives dans lesquelles s'est placé M. le docteur Civiale.

TABLEAU ANALYTIQUE

De toutes les observations contenues dans l'ouvrage de M. le docteur Civiale, exactement extraites.

Nos D'ORDRE.	EXTRAIT DES OBSERVATIONS.	RÉFLEXIONS QUI N'INFLUENT NULLEMENT SUR LES RÉSULTATS.
1.	Le docteur PROVOSTY, mort après la taille par le haut appareil. Il a été sondé et a souffert plusieurs explorations avec l'instrument. Une pierre de dix-huit lignes de diamètre fut extraite. (Introduction, page 28.)	Ces explorations ne seraient-elles pas des opérations manquées? Du reste, M. Civiale aurait bien dû parler des accidens qu'elles produisirent, et qui furent bien graves.
2.	M. DALLERY, recteur de l'université d'Amiens, soumis simplement au cathétérisme, et opéré par la méthode bilatérale. Mort. (Introd. pag. 29.)	
3.	M. LEBLANC LAVALIÈRE, quelques essais de broiement; on saisit la pierre, bien qu'elle ait échappé plusieurs fois. On y renonce. Taillé par la méthode latéralisée. Il succombe le troisième jour. (Introd. pag. 31.)	
4.	M. GERVAIS, de Paris, soumis au cathétérisme, non broyé. Taillé par le haut appareil. Mort deux mois après. (Introd. pag. 34.)	
5.	M. BATICLE, de Sceaux, soumis au cathétérisme. Non broyé. Taillé. Mort peu de jours après. (Introd. pag. 35.)	
6.	M. le comte DE BOURNON, exploré avec l'instrument et soumis au broiement, auquel succèdent de grandes souffrances. Taillé par le haut appareil. On retire seize calculs dont on ne dit pas la grosseur. Mort. (Introd. pag. 36.)	
7.	M. LERAY, de Nantes, soumis au cathétérisme et non broyé. Taillé et mort. (Introd. pag. 41.)	
8.	M. BOULEU, exploré avec la pince, mais non soumis au broiement. Mort après la taille. (Introd. pag. 42.)	
9.	M. DEMEAUSSÉ, de Paris, non soumis au broiement. Opéré par la taille bilatérale. Mort. (Introd. pag. 42.)	
10.	M. BELLEFOND, non broyé, mais exploré avec la pince. Mort après la taille latéralisée. (Introd. pag. 43.)	
11.	M. CASTELNAUD, mort après avoir été simplement sondé. (Introd. pag. 56.)	
12.	Mad. DE CHATEAU-THIERRY, de Versailles, explorée avec le cathéter. Pierre grosse, taillée et guérie. (Pag. 10.)	
13.	M. LAURENT, de Paris, exploré avec le cathéter. Taillé et guéri. (Pag. 11.)	

Suite du Tableau analytique.

Nos D'ORDRE.	EXTRAIT DES OBSERVATIONS.	RÉFLEXIONS.
14.	M. Mignot, de Riom, exploré. Grosse pierre qu'il garde. (Pag. 11.)	
15.	M. Bardou, de La Ferté-Saint-Aubin, exploré. Grosse pierre qu'il garde. (Pag. 11.)	
16.	M. Pallu, de Tours, dans un grand état de marasme et mort bientôt après avoir été vu. (Pag. 12.)	
17.	M. de Tascher, du Mans, opéré par le broiement une fois, et mort dix-huit jours après. (Pag. 12.)	
18.	M. Diernat, de Mauriac, non opéré, mort quelque temps après. (Pag. 13.)	
19.	M. Montessu, de Paris, exploré avec l'instrument. Il se rend à pied chez lui, et il lui survient une affection rénale du côté gauche. Mort bientôt après. (Pag. 15.)	Cette exploration ne serait-elle pas aussi une opération manquée? et ne serais-je pas en droit de mettre ce malade au nombre des insuccès suivis de mort, par le fait des recherches avec la pince?
20.	M. Combes, de Toulouse, petite pierre. Sondé par un médecin. Hématurie et symptômes nerveux. Cathétérisme par M. Civiale. Mort six semaines après. (Pag. 15.)	
21.	M. Desrenaudes, de Paris. Petite pierre, cathétérisme douloureux,	
22.	M. Vincent, d'Apt, opéré une fois par le broiement, le lendemain fièvre, augmentation de douleur à la vessie, rétention d'urine, cathétérisme évacuatif, et mort quelque temps après. (Page 19.)	
23.	M. Chevals, de Paris, sondé et mort quelque temps après; petite pierre, mais édématie des extrémités inférieures et état fébrile. (Page 19.)	
24.	M. Fayau, de Montaigue, catharre pulmonaire, état fébrile, opéré par le broiement, mort le treizième jour. (Page 20.)	
25.	M. Regnault, de Paris, sondé, non broyé, mort le vingt-cinquième jour. (Page 21.)	
26.	M. Faure, d'Orléans, atonie de la vessie qui est d'une grande capacité, état fébrile, soumis une fois au broiement, mort doucement, en état de prostration, et sans aucun signe de douleur. (Page 21.)	
27.	M. N..., cathétérisme explorateur, usage des sondes flexibles introduites avec facilité, urètre large, symptômes adynamiques et mort. Pierre du volume d'un œuf de pigeon. (Page 22.)	
28.	M. Labbat, on essaie l'opération, qui ne réussit pas; on appelle un chirurgien habile, qui sonde, ne reconnaît pas la pierre, et le malade meurt quinze jours après. (Page 58.)	
29.	M. Fichon, calcul petit et mou, grande vessie, préparée par six introductions de bougies flexibles; guéri en une séance, accès de fièvre produit par l'opération et un léger écart de régime. (Page 77.)	

Suite du Tableau analytique.

Nos D'ORDRE.	EXTRAIT DES OBSERVATIONS.	RÉFLEXIONS.
30.	M. N... de Lyon, a subi à cinq ans l'opération de la taille ; trente-trois ans, d'une bonne constitution. Dans la première séance on broie une pierre grosse comme une amande. On le croit probablement guéri: car long-temps après sa santé devient chancelante, les symptômes de la pierre se reproduisent, et l'impossibilité d'uriner survient; extraction d'un petit calcul engagé dans l'urètre, quatre jours après, opération nouvelle pendant laquelle un calcul gros comme une noisette est saisi et broyé. Quinze jours après douleur vive à la région hypogastrique, engorgement du cordon spermatique, emploi des antiphlogistiques, guérison. (Page 79.)	
31.	M. Gentil, pierre de onze lignes, molle; guérison en trois séances, l'une de trente-cinq minutes, et les autres de vingt; trois accès de fièvre causés par la longueur de l'opération et les recherches. (Page 82.)	
32.	M. Maud'huyt, préparé pendant huit jours, deux petits calculs; dans la première séance, le premier, gros comme une amande, est broyé et extrait; dans la deuxième séance on prend le second, qui a neuf lignes dans son plus grand diamètre; en dix minutes il est broyé et extrait. Guérison. (Page 86.)	
33.	M. Pérot, préparé par l'usage des sondes flexibles. Dans une première séance on rend la pierre et on la broie pendant cinq minutes. résultat, par l'impossibilité de saisir la pierre. *On allonge les crochets* de l'instrument; en trois séances l'opération est terminée, mais le malade a un engorgement du testicule qui dure trois semaines. (Pag. 90.)	M. Civiale devrait se rappeler qu'il a dit dans son livre, au chapitre de l'historique, qu'il imagina en 1820 de faire mettre des crochets à la pince janvier, il ne peut terminer l'opération de M. Pérot sans faire ajouter des crochets à ses pinces. M. Civiale en a donc imposé dans son historique? Je désirerais bien savoir comment ce médecin peut s'assurer, avec la pince qu'il emploie, comment une pierre est aplatie ou oblongue. Je voudrais encore savoir pourquoi il fait garder à ce malade des sondes flexibles jusqu'à ce que les douleurs deviennent aiguës.
34.	M. Despretz, préparé à l'opération, plusieurs petites pierres. Première séance, pendant laquelle on ne saisit rien; dans la deuxième on en broie une, et on l'extrait entièrement; dans cinq autres séances on enlève le reste; guérison. (Page 93.)	
35.	M. le docteur Brousseaud. Il rend d'abord spontanément un calcul de trois lignes de diamètre. Il est préparé par des sondes de gomme élastique gardées vingt minutes, on les augmente graduellement de volume; dans la première séance, un calcul de sept lignes est saisi et broyé; dans les deux jours qui suivent, urines évacuées avec douleur et fortement mélangées de sang. Six séances, dont quelques-unes causent pendant plusieurs jours un pissement d'urines sanguinolentes, complettent le traitement; les matières extraites étaient d'acide urique, et pesaient, fraîches, 135 grains. (Page 96.)	
36.	M. Oudet, une pierre de la grosseur d'une amande est saisie et broyée dans la première séance. Quatre jours après, fièvre et grande difficulté d'uriner, causée par des caillots de sang qui bouchent l'urètre. Les accidents se calment par une saignée, des sangsues et des bains. En deux séances la guérison est achevée; mais la dernière est suivie, trois jours après, des symptômes inflammatoires qui étaient déja survenus après la première, et qui cessent sous l'emploi des moyens déja employés. Guérison. (Pag. 103.)	M. Oudet ne souffre-t-il pas encore?

Suite du Tableau analytique.

Nos d'ordre.	EXTRAIT DES OBSERVATIONS.	RÉFLEXIONS.
37.	M. Belin, une pierre assez volumineuse et friable, ayant pour noyau la barbe d'un épi; préparé pendant huit jours, en cinq séances le malade est guéri sans fièvre. (Pag 106.)	
38.	M. Laurent, de Reims, calcul gros comme une petite noix dont le noyau est un haricot; huit jours de préparation. Première séance presque inutile, car, l'instrument introduit, l'eau contenue dans la vessie s'échappe entre le tube extérieur et l'urètre. Même résultat à la deuxième séance; la vessie vidée se collant sur l'instrument, on a des difficultés à se débarrasser de la pierre. Ces deux séances sont suivies de l'expulsion d'un peu de poudre et de graviers. Dans une troisième séance, opération plus facile; on n'extrait qu'un petit fragment de pierre, et quelques parties du haricot germe de la pierre. Cinq jours après, extraction d'un morceau de calcul de cinq lignes de diamètre. Guérison. (Pag. 108.)	Opération extraordinaire. On n'obtient presque rien après chaque application, et cependant au bout de trois séances une pierre grosse comme une noix se trouve extraite et broyée. M. Civiale trompe évidemment ses lecteurs sur le volume de la pierre, car il n'est pas possible, avec les instruments qu'il emploie, de réduire suffisamment en 30 minutes une pierre d'une dureté médiocre et du volume d'une noix en morceaux assez petits pour sortir par l'urètre. M. Civiale ne le fera pas, même en s'aidant de ses yeux et de ses mains. Il mettra, s'il le veut, au centre de la pierre, un haricot en pleine germination. Outre que cela en rendra le broiement plus facile, il trouvera une occasion nouvelle de faire preuve d'un *tact assez délicat* pour sentir dans la vessie et extraire l'enveloppe pelliculaire d'un haricot séparée de ses cotylédons. (Voyez la rédaction de l'observation de M. Laurent, dans le rapport de M. Percy.)
39.	M. Boutin, de Tours, traitement préparatoire, pierre grosse comme une noix et mamelonnée. Elle est saisie et perforée deux fois dans la première séance, qui est suivie de fièvre et d'accidents nerveux très-intenses; la deuxième séance réussit aussi, mais quatre jours après survient un accès de fièvre attribué à une indigestion; la troisième et la quatrième et dernière séance ont un résultat heureux; cependant, à la suite de courses à pied, il survient un engorgement du testicule gauche et une diarrhée qui donne des inquiétudes, mais qui cesse, en faisant changer le malade d'air. Enfin, après la *dernière séance*, M. Civiale extrait un fragment de cinq lignes de largeur et de sept de longueur, qui nécessite le débridement de l'urètre. (Page 113.)	
40.	M. Cornu, de Nevers, constitution débile, traitement préparatoire et quatorze séances de broiement. Après la quatorzième séance et avoir pris un verre d'orgeat glacé, ce malade est atteint, suivant M. Civiale, d'une gastrite aiguë à laquelle il succombe. A l'ouverture, on trouve des traces violentes d'inflammation dans la vessie et l'estomac, et dans la vessie un petit fragment d'une pierre et à peu près le tiers d'une autre. Ce dernier fragment avait dix-huit lignes de diamètre. (Pag. 116.)	M. Cornu, de Nevers, logea à Paris, chez son ami, M. Bordereau, rue St-Victor, n° 76. Loin d'être débile, il était au contraire d'une constitution forte et sèche. Il était bien portant, puisqu'il supporta non pas quatorze applications, comme le dit M. Civiale, mais bien dix-neuf dont les deux tiers furent infructueuses. Ces renseignements que je me suis trouvé à portée de prendre à la source même, laissent supposer que beaucoup d'omissions ont été faites dans la rédaction des autres observations. M. Cornu souffrait excessivement, le surlendemain du jour où il était opéré. Il succomba au milieu de ces souffrances, mais non pas sous l'influence d'un verre d'orgeat. On trouva dans sa vessie une seule pierre, morcelée en plusieurs endroits, mais presque pas diminuée. Est-il besoin de faire remarquer que M. Civiale veut abuser ses lecteurs, lorsqu'il prétend qu'un fragment qui était le TIERS de la pierre avait cependant dix-huit lignes de diamètre? Ce fragment était évidemment le calcul entier, qui n'avait été que morcelé pendant dix-neuf applications. Du reste, M. le docteur Léveillé possède la boîte qui contient le détritus obtenu. Je ne l'ai pas vu, mais la personne qui voulait m'en faire apprécier la quantité, me montrait l'extrémité du petit doigt. Quel résultat après dix-neuf applications! et M. Civiale croit qu'il ne reste plus rien à faire dans le but d'extraire les pierres par l'urètre?

Suite du Tableau analytique.

Nos d'ordre.	EXTRAIT DES OBSERVATIONS.	RÉFLEXIONS.
41.	M. le contre-amiral Desrotours, préparé pendant dix jours, pierre plate, difficilement saisie et retenue. Les trois premières séances ont un faible résultat et causent un peu d'irritation; cinq séances pendant lesquelles l'opération marche avec succès, complettent la guérison. (Page 119.)	
42.	M. Martin, trois jours de préparation, pierre du volume d'une grosse noix. Dans les deux premières séances on ne peut la saisir, mais dans les quatre dernières elle est saisie et broyée; la contraction de la vessie avait, dans les deux premières séances, chassé avec énergie le liquide de l'injection. Guérison. (Page 121.)	
43.	M. Remond, de Chartres, guéri, en sept séances, d'une pierre que M. Civiale dit être volumineuse. (Page 122.)	
44.	M. Bourla, de Brest, guéri, en neuf séances, d'une pierre que M. Civiale dit être mamelonnée, et friable quoique murale. (Page 123.)	
45.	M. Mourot, plusieurs calculs dont quelques-uns, suivant M. Civiale, avaient le volume d'une noix. La largeur de l'urètre permit de se servir d'un instrument de quatre lignes de diamètre. En vingt-une séances le malade est guéri. (Pag. 124.)	L'olive formée par les branches de la pince, n'avait-elle pas cinq lignes et demie de diamètre? Pourquoi ne pas le dire? cela est cependant, car cette olive fut mesurée au compas d'épaisseur par un médecin assistant à l'opération pratiquée sur M. Mourot.
46.	M. Michel, de Bordeaux, plusieurs calculs. Dans la première séance une petite pierre est saisie, broyée et extraite; dans la deuxième séance même résultat, en deux autres séances la guérison est complète. (Page 127.)	
47.	M. Leclerc, de Paris, traitement préparatoire pendant quinze jours. Plusieurs pierres, guéri en neuf séances; de la quatrième à la cinquième séance il y eut un engorgement au testicule. (Page 128.)	
48.	M. Fournier, de Paris, préparé pendant dix jours, plusieurs petits calculs. Deux d'entre eux sont saisis et broyés dans la première séance; en quatre séances le malade se croit débarrassé, va à la campagne où il reste trois semaines, au bout desquelles il est atteint de paralysie de vessie, de rétention d'urine à laquelle il succombe sans être guéri. (Page 129.)	
49.	M. Champanhac, du Puy, traitement préparatoire prolongé. En dix séances une pierre est broyée et extraite; à la cinquième séance le traitement est interrompu par un engorgement du cordon testiculaire, guérison. (Page 131.)	
50.	M. Érard, traitement préparatoire, plusieurs calculs. Guéri en quatorze séances, pendant lesquelles il survient une fièvre intermittente qui cède à l'emploi du quinquina. (Page 136.)	
51.	M. Thubeuf, plusieurs petites pierres. Dans la première séance on broie une petite pierre qui est extraite; cinq séances se succèdent, dans chacune d'elles on enlève une petite pierre, une colique néphrétique survient avec fièvre et accidents nerveux; tout cela est suivi d'une paralysie de la vessie, qui exige cinq ou six fois par jour l'introduction de la sonde. Malgré cette complication on opère de nouveau, et en	Il me paraît bien difficile de faire des applications d'arithmétique sur des pierres contenues dans une vessie. Si M. Civiale disait: « Il y a de quinze à dix-huit pierres, » on pourrait passer outre sans y regarder de plus près; mais on ne peut s'empêcher d'être surpris d'une appréciation à nombre exact faite dans une telle circonstance. Ou M. Ci-

Suite du Tableau analytique

N^os D'ORDRE.	EXTRAIT DES OBSERVATIONS.	RÉFLEXIONS.
	huit jours quatre pierres sont extraites, le malade se repose, et en sept séances l'opération est terminée; en tout dix-sept opérations pour extraire seize pierres. (Page 137.)	viale est d'une habileté surnaturelle, ou il estime a bien peu l'intelligence de ceux auxquels il fait de pareils contes. Nous nous rangeons ici, par respect pour nous-même, au nombre des incrédules.
52.	M. TRAVERS, de Paris, quinze jours de traitement préparatoire, pierre volumineuse et friable. En cinq séances il est guéri, car se trouvant bien portant, il ne veut pas se soumettre à une exploration définitive. (Page 139.)	
53.	M. MATRE, de Moulins, traitement préparatoire de plus d'un mois, pierre de la grosseur d'un petit œuf de poule. Dans la première séance ou l'attaque en deux sens, il survient un léger accès de fièvre; en neuf séances la pierre est extraite, mais le malade ne se rétablit entièrement que trois mois après l'opération. (Page 140.)	
54.	Madame DELANGE, d'Arpajon, traitement préparatoire de peu de durée, pierre du volume d'une noix et friable. Elle est brisée dans une séance, et le dernier fragment est extrait dans une autre. (Page 144.)	Quelle que soit la mollesse d'une pierre du volume d'une noix, il me paraît bien difficile de l'extraire en une séance de dix minutes. Cela est fort bien, M. Civiale, c'est plus tôt fait que par la taille. Cependant, avouez-le, la pierre n'était pas aussi grosse ?
55.	M. FARDER, de Paris, pierre d'un petit volume, vessie irritable; il est simplement sondé; huit jours après, il est pris d'un accès de fièvre dont il meurt en trois jours. (Page 147.)	
56.	M. GOBERT, de Saint-Denis, sondé avec le cathéter et ensuite exploré avec l'instrument, opéré par la taille. On retire cinq pierres de moyenne grosseur, guérison. (P. 149.)	
57.	M. MICHEL, de Vandeuvre, sondé avec le cathéter, taillé quatre mois après, guérison. (Page 149.)	
58.	M. PAILLÉ, de Paris, éprouve les symptômes de la pierre depuis un an, plusieurs calculs, traitement préparatoire interrompu par un accès de fièvre avec hématurie, exploration avec la pince, avec laquelle on saisit et on broie une pierre. Quatre séances suivent avec résultat, une cinquième est sans résultat, plusieurs autres en nombre indéterminé succèdent; le malade se décide à être taillé par le haut appareil; il reste dix pierres dans la vessie, dont on n'indique pas le volume; guérison. (Page 150.)	Faites donc attention, M. Civiale, que lorsque vous explorez seulement vous ne devez pas opérer. Est-ce que j'aurais deviné que vos explorations avec l'instrument n'étaient que des tentatives inutiles pour prendre la pierre? Seriez-vous un disciple d'Escobar ?
59.	M. DENISE, de Paris, pierre d'un volume médiocre. Trois essais sont faits en dix-sept jours, pendant lesquels on ne peut saisir le calcul; quoiqu'il n'y ait pas d'accidents, M. Civiale renonce à ce malade, qui est taillé; guérison. (Page 154).	A part l'irritabilité, M. Denise se trouvait pourtant dans de bonnes conditions. Comment, M. Civiale, vous entrez trois fois dans la vessie de ce malade, et vous ne saisissèz pas le calcul qu'elle renferme, quoiqu'il soit d'un petit volume? Ou vous n'êtes pas habile, ou vous manquez de bons instruments.
60.	M. DUBOIS-DOUIN, de Château-Roux, quatre tentatives de broiement, sans qu'on puisse saisir le calcul; la première tentative est suivie de fièvre, d'augmentation de douleur dans la vessie, et d'engorgement du testicule gauche; on ne dit pas si ce malade fut taillé. (Page 154.)	

Suite du Tableau analytique.

Nos d'ordre.	EXTRAIT DES OBSERVATIONS.	RÉFLEXIONS.
61.	M. Turgot, de Paris, exploration avec l'instrument, introduction difficile et incomplète, contraction du col de la vessie. L'opération est ajournée; à cette tentative succèdent accès de fièvre répétés et prolongés; trois mois après, nouvelles tentatives; on introduit l'instrument dans la vessie, on le retire sans l'ouvrir; quelques jours après, deux tentatives sans résultat; un mois après, la fièvre se déclare, et empêche M. Civiale de continuer; M. Turgot est taillé, guérison. (Page 155.)	Pourquoi M. Civiale veut-il cacher que M. Turgot eut la vessie blessée par ses instruments, puisqu'il résulta de l'application qu'il en fit, une fistule qui fit communiquer cet organe avec l'intestin. Il est maladroit de vouloir céler ce que personne n'ignore. M. Civiale pouvait d'autant mieux révéler ce fait, que M. Turgot n'est pas mort d'un accident aussi grave; car, taillé par M. le baron Dupuytren, il guérit en même temps et de sa fistule et de sa pierre.
62.	M. Aumont, de Fontainebleau, premier essai pendant lequel la pierre est saisie et entamée. Une pneumonie se déclare, qui est causée, suivant M. Civiale, par une imprudence du malade; la poitrine étant rétablie, deux nouveaux essais sont faits, mais ils n'ont aucun résultat. M. Aumont perd patience, se fait tailler et meurt. (Page 157.)	M. Aumont subit cinq applications des instruments a très-longs intervalles; une seule fut productive. Après de vives douleurs dans la vessie, il fut pris d'une affection grave de la poitrine, qui le réduisit au dernier degré de marasme. Après avoir végété pendant une année, il finit par se faire tailler à la maison de santé de M. Dubois. Une pierre d'une petite dimension fut trouvée dans sa vessie. Elle était seulement entamée par un coup de foret, mais une nouvelle matière lithique avait déja presque comblé le trou fait par le mandrin. M. Civiale avait dit, pour s'excuser de ne pas réussir à prendre la pierre chez ce malade, que sa vessie était trop grande; c'est un inconvénient que je ne connaissais pas? Lorsque M. Aumont se fit tailler, il était dans un état déplorable, d'une maigreur extrême et ses jambes tout infiltrées. Ce malade serait mort sans doute par suite des tentatives de M. Civiale, si la taille ne fût venue au secours de son mode de broiement. Pendant que M. Aumont était malade, son épouse vint me prier de lui donner des soins; *je refusai, car je le savais entre les mains de M. Civiale*, et je me respectai trop pour faire une chose contre les usages et les convenances. (Voir l'observation Courtois, N° 81.)
63.	M. le docteur De Vaucelles, de Brienne, bonne constitution, vessie saine, essais inutiles pour prendre la pierre. Le malade retourne chez lui, il se fait tailler; guérison. (Page 159.)	Ce malade aurait peut-être pu, puisqu'il jouissait d'une bonne santé et que sa vessie n'avait pas éprouvé d'altération, ne pas courir les chances de la taille, si des instruments plus convenables eussent été employés. Il est fâcheux que M. Civiale ne puisse faire connaître le volume et la forme de la pierre extraite par la cystotomie.
64.	M. Quartara, Espagnol, tentatives inutiles pour saisir la pierre. Il se fait tailler et meurt. (Pag. 159.)	
	M. Caillard, d'Orléans. Ce malade qui a une pierre dans l'urètre de la grosseur d'un œuf de poule, et une autre dans la vessie, sort du genre de malades que nous passons en revue; aussi je ne le porte ici que pour ordre, et afin de citer tous les malades dont les observations sont consignées dans l'ouvrage de M. Civiale; je ne donne pas de numéro à ce malade, et sa présence ici n'influe pas sur les résultats généraux. (Pag. 164).	
	M. Fontaine, de Gonesse, même observation que pour M. Caillard; je ne le comprends pas non plus dans le tableau. (Page 164.)	
65.	M. Boulbar, rétrécissement du canal, que l'on guérit. Une tentative infructueuse; le surlendemain, broiement d'une petite pierre et guérison. (Page 168.)	

Suite du Tableau analytique.

Nos D'ORDRE.	EXTRAIT DES OBSERVATIONS.	RÉFLEXIONS.
66.	M. Balet, guéri en quatre séances. Peu de temps après sa guérison il est pris de douleurs vives dans les reins et la vessie, et rend de temps en temps des graviers; il meurt un an après, d'une affection pulmonaire. (Page 172.)	M. Civiale dit, dans la rédaction de cette observation : *Peu de temps après la guérison, M. Balet recommença à rendre des graviers d'une grosseur quelque fois remarquable*, etc.; et ce malade figure dans ceux qui ont été guéris. Comment M. Civiale l'entend-t-il?
67.	M. Bousquet, de Bordeaux, deux cathétérismes explorateurs, trois applications pour un petit calcul friable, engorgement du cordon testiculaire et de l'épididyme. Guérison. (Page 173.)	
68.	M. Anthoine, de Strasbourg, neuf applications, pierre molle, brisée seulement par la pression de la pince, guérison. (Page 176.)	
69.	Le général Viallanes, guéri de petits calculs, meurt, trois mois après l'opération, d'une fièvre rémittente pernicieuse. Après la troisième séance, ce malade avait eu un mouvement de fièvre; on ne trouve, à l'ouverture, aucune lésion de la vessie, ni aucun fragment de pierre. (Page 179.)	
70.	M. Huet, cinq séances pour extraire une pierre de moyenne grosseur et très-friable, mort anévrismatique peu de temps après sa guérison; la vessie était saine et ne contenait aucun fragment de pierre. (Page 182.)	
71.	M. Lebaigne, deux pierres enlevées, neuf séances; bonne santé d'abord, mais trois mois après, douleurs dans l'hypocondre droit; et malgré tous les moyens employés, le malade meurt. (Pag. 82.)	
72.	M. Dauza, paralysie de la vessie, urines fétides, teint pâle, inappétence, etc. Pierre du volume d'une noix et calcaire, extraite en neuf séances, guérison de la paralysie. (Page 184.)	
73.	M. Azile, délivré en trois séances d'un petit calcul; quelque temps après, nouvelle opération pour extraire un petit fragment; mort un an après, d'une maladie du pylore. (Page 186.)	
74.	M. Guilbert, de Dijon, opéré en cinq séances pour une pierre friable, du volume d'une noix. Un gravier volumineux sort lorsque le malade est de retour dans son pays. Guérison. (Page 188.)	
75.	M. Sève, de Nîmes, opéré en sept séances, dont une n'a aucun résultat; il y eut, pendant le traitement, des accès de fièvre et des accidents nerveux très-marqués, guérison. (Page 190.)	
76.	M. Périn-Lepage, préparation par les sondes flexibles; au neuvième jour, fièvre intense, douleur dans la région lombaire, besoin continuel d'uriner, urines glaireuses et ammoniacales; cet état dure quinze jours; opéré par le broiement et guéri en deux séances. Guérison. (Page 191.)	

Suite du Tableau analytique.

Nos D'ORDRE.	EXTRAIT DES OBSERVATIONS.	RÉFLEXIONS.
77.	M. LUCOTTE, engorgement de la prostate, douleur au périnée, aux testicules et à la région hypogastrique. Les deux premières séances nulles, car on ne peut ouvrir la pince, à cause de l'irritabilité du sujet; dans la troisième séance une petite pierre est broyée, ainsi que dans la quatrième; viennent ensuite trois tentatives sans résultat, auxquelles succèdent fièvre, gonflement édémateux des bourses, accidents nerveux et délire. Deux mois et demi de traitement, au bout desquels on recommence à opérer; deux séances pendant lesquelles on broie deux petites pierres, auxquelles succèdent deux autres séances sans résultat, puis une séance pendant laquelle on broie une pierre de la grosseur d'une amande; enfin, en trois autres tentatives le traitement est achevé; en tout, seize séances et dix mois de traitement. (Page 196.)	
78.	M. HENRY GALLE, quatorze ans. On ne parle ni de la grosseur de la pierre, ni du nombre des séances; on dit seulement qu'il partit guéri. Ce malade eut quelques accès de fièvre et quelques accès de colique néphrétique pendant le traitement, les fragments furent difficilement extraits par l'urètre. (Page 202.)	
79.	M. JULES PÉRIN, neuf ans, état fébrile, pierre comme une petite noix, deux séances. On ne continue pas, à cause du mauvais état de l'enfant, qui empire jusqu'à ce qu'il meure dans le marasme. (Page 204.)	
80.	M. CORTIAL, de Paris. Une petite pierre est saisie et broyée dans la première séance, à laquelle succèdent quatre séances sans résultat; après, vient un nombre indéterminé de séances avec résultat; l'opération est présumée terminée, lorsque le malade se fait opérer de nouveau quelques mois après, pour extraire un morceau friable qui exige trois séances. Cette fois l'opération paraît tout-à-fait terminée, lorsque, trois mois après, les douleurs se renouvellent et donnent lieu à l'extraction d'un morceau de matière calcaire. (Page 208).	M. Cortial souffre toujours. Il figure cependant parmis les malades guéris. N'a-t-il pas supporté plus de quarante séances?
81.	M. COURTOIS, de Sceaux, soumis à des expériences faites sans précautions, avec des instruments imparfaits, et cela pendant sept mois, par M. le docteur Heurteloup; et guéri en cinq séances, par M. le docteur Civiale, d'une pierre du volume d'une grosse noix. (Page 211.)	Comment M. Civiale sait-il que j'ai soumis ce malade à des expériences faites sans précaution? Comment M. Civiale sait-il que j'ai employé des instruments imparfaits? M. Courtois ne serait pas resté sept mois entre mes mains, si je ne lui eusse pas ôté de pierres : si j'en ai ôté, mes opérations n'ont donc pas été inutiles, et M. Civiale n'a donc fait que finir une opération commencée par moi, et presque achevée, ce qui n'est pas difficile. M. Civiale prétend avoir extrait en cinq séances, à M. Courtois, une pierre grosse comme une noix; et d'autres observations prouvent qu'il en met davantage pour ôter des pierres grosses comme des avelines. M. Civiale en impose donc? M. Civiale dit que j'ai soumis ce malade à des expériences faites sans précaution et avec des instruments imparfaits, et cependant le malade s'est toujours bien porté. M. Civiale en impose donc encore? Enfin, M. Civiale opère, sans me consulter, un malade qu'il sait être traité par moi. M. Civiale s'est donc mal conduit? Voilà, je crois, tout ce que prouve l'observation de M. Courtois. (Voir l'observation de M. Aumont, n° 62.)

Suite du Tableau analytique.

Nos D'ORDRE.	EXTRAIT DES OBSERVATIONS.	RÉFLEXIONS.
82.	M. CARPINTER, pierre molle peu volumineuse. On fait des tentatives pour prendre cette pierre, dont une portion, suivant M. Civiale, est engagée dans l'urètre ; ces tentatives sont infructueuses, et M. Carpinter passe en d'autres mains, pour être soumis au broiement ; on ne réussit pas ; et ce malade, taillé par le haut appareil, meurt le seizième jour. (Page 215.)	

TABLEAU

Par ordre alphabétique des malades dont l'observation est contenue dans l'ouvrage de M. Civiale, avec les nos d'ordre sous lesquels ces malades sont désignés dans les tableaux analytiques.

Nom	N°
Anthoine	68
Aumont	62
Azile	73
Balet	66
Bardou	15
Baticle	5
Belin	37
Bellefond	10
Boulbar	65
Bouleu	8
Bourla	44
Bournon	6
Bousquet	67
Boutin	39
Brousseaud	35
Carpinter	82
Castelnaud	11
Champanbac	49
Château-Thierry	12
Chevals	23
Combes	20
Cornu	40
Cortial	80
Courtois	81
Dallery	2
Dauza	72
Delange	54
Demeaussé	9
Denise	59
Despretz	34
Desrenaudes	21
Desrotours	41
Devaucelles	63
Diernat	18
Dubois-Douin	60
Érard	50
Farder	55
Faure	26
Fayau	24
Fichon	29
Fournier	48
Galle	78
Gentil	31
Gervais	4
Gobert	56
Guilbert	74
Huet	70
Labbat	28
Laurent	13
Laurent	38
Lebaigue	71
Leblanc-Lavalière	3
Leclerc	47
Leroy	7
Lucotte	77
Martin	42
Matre	53
Maud'huyt	32
Michel	46
Michel	57
Mignot	14
Montessu	19
Mourot	45
N... de Lyon	30
N. R.	27
Oudet	36
Paillé	58
Pallu	16
Périn-Jules	79
Périn-Lepage	76
Pérot	33
Provosty	1
Quartara	64
Regnault	25
Remond	43
Seve	75
Tascher	17
Thubeuf	51
Travers	52
Turgot	61
Viallanes	66
Vincent	22

TABLEAU INDICATIF.

Sur 82 malades qui se sont présentés à M. Civiale,

48 sont guéris.	31 sont morts.	3 ont gardé leur pierre.
12.13.29.30.31.32.33.34.35.36.37.38.39.41.42.43.44.45.46.47.49.50.51.52.53.54.56.57.58.59.61.63.65.66.67.68.69.70.71.72.73.74.75.76.77.78.80.81.	1.2.3.4.5.6.7.8.9.10.11.16.17.18.19.20.21.22.23.24.25.26.27.28.40.48.55.62.64.79.82.	14.15.60.

Sur les 48 malades guéris, il faut remarquer ceux qui ont été

Guéris après avoir été simplement broyés.	Guéris après avoir été broyés et taillés.	Guéris après des essais inutiles et taillés.
29.30.31.32.33.34.35.36.37.38.39.41.42.43.44.45.46.47.49.50.51.52.53.54.65.66.67.68.69.70.71.72.73.74.75.76.77.78.80.81.	58.	56.59.61.63.
TOTAL 40.	TOTAL 1.	TOTAL 4.

Morts après avoir été simplement broyés.	Morts après avoir été broyés et taillés.	Morts après des essais inutiles et taillés.
17.22.24.26.28.40.48.79.	6.62.	1.3.8.10.19.64.82.
TOTAL 8.	TOTAL 2.	TOTAL 7.

Ainsi, sur les malades soumis seulement au broiement, M. Civiale en a perdu le sixième; proportion considérable, surtout si l'on examine que ce sont des malades de choix, et que sur les 40 guéris, cinq sont morts dans l'année qui a suivi le traitement.

Ainsi sur les malades taillés après avoir été broyés, la proportion des morts étant des deux tiers, le broiement par M. Civiale augmente les chances désastreuses de la taille.

Ainsi des essais inutiles faits par M. Civiale augmentent de beaucoup les chances désastreuses de la taille, puisque les deux tiers des malades placés dans cette circonstance sont morts.

Le reste des malades qui sont au nombre de 17, ont été soumis ou non à la taille, sans que M. Civiale ait jugé à propos d'essayer sur eux la méthode de Gruithuisen; ce sont les malades de REBUT. Cela constate que M. Civiale a choisi ceux qu'il a soumis à son traitement, et il est important de tenir compte de cette circonstance; en effet, pour prouver que ce chirurgien ne présente pas des résultats évidemment plus favorables que la taille, il n'est besoin que d'adresser cette question à un lithotomiste : Sur 82 malades, si on vous permet de choisir les 48 qui vous paraîtront dans les circonstances les plus favorables, combien croyez-vous en perdre? Si ce lithotomiste répond qu'il n'en perdra que le sixième, sa méthode devra être préférée, car elle sera plus prompte et moins douloureuse, si on en juge par les observations de M. Civiale, qui constatent que 41 malades ont éprouvé des accidents. Encore je veux bien admettre un moment que ce médecin ait dit toute la vérité, et que la taille qui a été pratiquée sur les malades qui avaient supporté des essais fructueux ou inutiles, n'ait pas caché quelques-uns des méfaits du broiement, et cela est probable.

Suite d Tableau indicatif.

En examinant les observations des 40 malade guéris par le broiement, on en trouve :

Qui ont eu la fièvre ou d'autres accidents graves.

29. Accès de fièvre.
30. Douleur vive à l'hypogastre, engorgement du cordon, etc.
31. 3 accès de fièvre, autant que de séances.
33. Engorgement du testicule qui dure trois semaines.
35. Pissement de sang.
36. Deux accès de fièvre graves qui nécessitent un traitement énergique.
39. Trois accès de fièvre et accidents nerveux très-intenses, engorgement du testicule, diarrhée, etc.
47. Engorgement du testicule.
49. Engorgement du testicule.
50. Fièvre intermittente.
51. Coliques néphretiques, fièvre, accidents nerveux, paralysie de la vessie, etc.
53. Accès de fièvre, il n'est rétabli que trois mois après la fin de l'opération.
66. Douleurs vives dans la vessie et dans les reins.
67. Engorgement du cordon testicul. et de l'épididyme.
69. Accès fébrile.
75. Accès de fièvre et symptômes nerveux fort intenses.
76. Fièvre intense, douleur dans la région lombaire, besoin continuel d'uriner, urines ammoniacales, etc.
77. Fièvre, gonflement édémateux des bourses, accidents nerveux, délire, etc.
78. Accès de colique néphrétique.

Total 19.

Si à ces 19 malades on ajoute les 8 morts du broiement, on trouvera que 27 malades ont éprouvé des accidents graves par suite du broiement, encore ne comprend-on pas ceux qui ayant été taillés après des essais inutiles, ont été malades après ces tentatives ; ceux-là sont au nombre de 14, ce qui fait un total de 41 malades qui ont éprouvé des accidents. Ainsi le broiement comme le pratique M. Civiale n'est pas exempt de dangers.

Sur lesquels des applications sans résultat ont été faites.

33. Une application inutile.
34. Une application inutile.
38. Toutes les séances presque inutiles, et cependant M. Civiale di qu'il a ôté un calcul gros comm une noix.
41. Les deux premières séances sans résultat.
42. Deux séances inutiles sur cinq.
65. Une tentative infructueuse.
77. Sept applications sans résultat, auxquelles succèdent de grand accidents.
80. Quatre séances de suite sans résultat.

Total 8.

Si on ajoute à ces 8 malades les 11 indiqués dans le tableau précédent comme ayant été taillés après des essais inutiles, on trouvera que M. Civiale a appliqué ses instruments sans succès sur 19 malades, et cela un grand nombre de fois sur quelques-uns d'entre eux ; ce qui prouve que j'ai eu raison de chercher à apporter plus de perfection dans les instruments destinés à pratiquer le broiement, et que les instruments de M. Leroy (d'Étiolles), que M. Civiale met en usage, laissent beaucoup à désirer.

Qui sont morts dans l'année qui a suivi le traitement.

66. 69. 70. 71. 73.

Total 5.

Qu'on a crus guéris d'abord, mais qui ont été réopérés plus tard, ou qui ont rendu spontanément des fragments de pierre.

30. Cru guéri, on est forcé d'y revenir. On trouve un fragment et un calcul gros comme une noisette.
74. Le malade retourne chez lui après être guéri ; mais à peine arrivé dans son pays, il rend un fragment de pierre volumineux.
80. Présumé guéri ; trois mois après, les douleurs reviennent ; extraction de pierres pendant trois séances ; présumé guéri une seconde fois, lorsque, trois mois après, les douleurs se renouvellent et donnent lieu à l'extraction d'un nouveau fragment.

Total 3.

Nota. Je rappelle ici que ces tableaux indicatifs résultent de l'analyse exacte de l'ouvrage de M. Civiale, et que les notes que j'ai ajoutées dans les tableaux analytiques, n'influent nullement sur eux. Ainsi ils ne sont que l'expression raccourcie des *aveux* de ce médecin.

MÉMOIRE

DE GRUITHUISEN.

Doit-on renoncer à l'espoir que l'on avait autrefois de pouvoir un jour détruire les pierres dans la vessie par des moyens soit mécaniques, soit chimiques?

(Par Gruithuisen.)

(Traduit de l'allemand, et extrait de la Gazette Médico-Chirurgicale de Saltzbourg, mars 1813.)

« Depuis cinq ans (1), j'hésite à émettre mes idées sur les « moyens artificiels propres à dissoudre et à broyer la pierre « dans la vessie, en attendant vainement une occasion favo- « rable, où je puisse en faire l'application sur le vivant avant de « les communiquer au public. (*Outre que la pierre est très- « rare aux environs de Munich, mes travaux scientifiques « m'empêchent de me livrer à la pratique depuis plusieurs « années, et l'on sait d'ailleurs combien il est difficile d'ob-*

(1) Je voulais faire mettre en lettres italiques les passages les plus saillants de ce Mémoire, pour démontrer avec quelle évidence Gruithuisen est le seul père de la méthode de briser les pierres dans la vessie ; mais comme je m'aperçus que presque tout le Mémoire eût été souligné, je renonçai à ce projet, bien persuadé que la simple lecture du travail de Gruithuisen déterminerait les personnes justes et raisonnables à appeler cette méthode du nom de son auteur.

« *tenir d'un malade qu'il serve d'essai pour une opération* « *qui n'a pas encore été tentée.*) J'ai bien pesé, et en partie mis « à profit, les conseils qui m'ont été donnés et les objections « qui m'ont été faites par d'habiles chirurgiens et médecins « que j'ai consultés sur l'objet qui m'occupe en ce moment. « Mais je n'en ai pas moins persévéré dans le projet de pu- « blier mes idées sur ce sujet, soutenu que j'étais par l'es- « poir de réussir à faire rayer un jour, peut-être tout-à-fait, « du cadre des opérations chirurgicales, celle de la taille, « si grave et si dangereuse; d'autant que j'étais sûr que dans « le cas d'insuccès, il n'en arriverait aucun mal; et que, « dans celui de réussite, il en résulterait au contraire un « grand bien pour l'humanité. Je vais donc exposer au pu- « blic chirurgical, aussi clairement que je pourrai, ce que « je regarde, dans cette affaire, comme théoriquement pos- « sible, et ce qui peut être obtenu avec une certitude ma- « thématique, persuadé qu'il suffit souvent d'indiquer à « cette classe d'hommes recommandables un objet utile pour « qu'ils le poursuivent avec ardeur, et cherchent de leur « mieux à le faire tourner au profit de leurs semblables. « Cependant je ne présenterai ici que des essais ou qui ont « déja été tentés çà et là isolément, ou qui peuvent du « moins être mis à exécution en toute sûreté. La méthode « que je propose a l'avantage de n'être nullement doulou- « reuse et de n'exposer à aucune lésion ; et lors même « qu'elle échouerait, on pourrait toujours avoir recours à « l'opération de la lithotomie, comme si jamais rien n'avait « été entrepris. »

Gruithuisen dit ici que lorsqu'on veut dissoudre une pierre, il faut d'abord connaître le dissolvant convenable; que des dissolvants pris à l'intérieur ont été employés avec succès, mais que cela traîne en longueur, au lieu que l'injection continuelle dans la vessie doit amener une prompte et parfaite guérison, même en employant seulement, suivant les circonstances, ou de l'eau de puits, ou de l'eau de pluie à une douce température. Après avoir dit que la perfusion aqueuse se fait, en introduisant dans la vessie, d'une manière vive et suivie, une grande quantité d'eau que l'on dirige sur la pierre au moyen d'une canule droite, il continue ainsi :

« Mais pour pouvoir établir un courant d'eau continu « dans un espace clos, comme est la vessie, il faut deux « choses : 1° une issue pour que l'eau puisse s'écouler à me- « sure qu'elle entre, et 2° un appareil pour injecter l'eau « avec une force égale et continue.

« Le premier but peut être rempli au moyen d'un tube « d'argent, droit, long d'un pied et deux pouces sur trois « lignes de diamètre (mesure de Paris), avec lequel on « établit la communication entre la cavité de la vessie et « l'air extérieur. Dans ce tube principal on en introduit « un autre, également droit et d'argent, long d'un pied « et demi, ayant une ligne de lumière et tout au plus une « ligne et demie d'épaisseur totale. (Si on voulait faire « usage de quelque dissolvant énergique, quoique fort « étendu d'eau, il faudrait prendre, au lieu d'un tube d'ar- « gent, ou même d'or, un tube en platine, corne ou ivoire.) « Ce second tube est destiné à diriger l'injection sur la pierre « dans la vessie. Ce dernier tube peut être plus gros, lors- « que le tube principal est d'un calibre plus fort que celui « indiqué.

« L'espace compris entre le petit tube et les parois du « grand, sera suffisant pour donner passage à l'eau revenant « de la vessie, aux molécules de pierre ramollies et délayées,

« et même aux graviers et particules de calcul détachés « sous forme solide.

« Si les fragments étaient par trop volumineux, on les « briserait devant l'orifice interne du grand tube et on en « ferait l'extraction, le tout au moyen du brise-pierre (Voy. « fig. VI), après avoir retiré préalablement le petit tube, « afin d'avoir le champ plus libre pour cette opération.

« Pour avoir un courant d'eau continu, il faut que le li- « quide soit injecté dans la vessie, au moyen d'un long « tuyau, qui s'élève au moins deux étages au-dessus de l'en- « droit où le malade doit être soumis aux injections. Les « tuyaux de bois sont les plus convenables à cet effet; mais « si l'opération se fait en hiver, il faut avoir soin de les « faire passer par des milieux chauffés. Les meilleurs tuyaux « seraient ceux qui, sur un demi-pouce de lumière, auraient « quatre pouces d'épaisseur totale.

« On les emboîte les uns dans les autres, mais sans em- « ployer le fer comme pour les tuyaux de fontaines, à cause « des différents dissolvants dont on peut faire usage.

« L'ingénieux *Hales* avait déja imaginé une semblable « méthode; mais sa sonde à double courant, au lieu de ver- « ser l'eau immédiatement sur la pierre, devait avoir l'in- « convénient de ne porter le plus souvent que sur les parois « de la vessie, par la raison que l'orifice des sondes courbes « qu'il employait ne peut pas être dirigé en tout sens comme « celui d'une sonde droite. »

Ici des conseils pour que l'eau arrive chaude dans la vessie, pour qu'elle soit filtrée et qu'aucun corps étranger ne puisse entrer dans l'organe, pour dresser l'appareil propre à faire la perfusion ; et revenant à sa canule droite, Gruithuisen continue :

« Les deux tubes doivent être très-mobiles dans toutes « les directions, afin de pouvoir suivre la pierre avec le cou-« rant d'eau dans toute la vessie.

« Cette espèce d'affusion continue, est ici l'opération prin-« cipale. Néanmoins l'infusion, consistant dans l'introduction « d'un liquide qu'on laisse quelque temps dans la vessie, ne « doit pas être rejetée indistinctement dans tous les cas; « car, quoiqu'elle ne doive pas être employée sans besoin, « elle peut être utile quelquefois, quand le malade la sup-« porte. On verra plus loin que l'on peut aussi faire usage, « avec avantage, de médicaments internes et d'autres agents « naturels, et même de moyens mécaniques. Mais avant d'en-« trer dans des détails sur les moyens chimiques qui cons-« tituent la partie principale du traitement de la pierre, il « convient d'exposer les principes qui servent de base à « notre méthode, et surtout d'en démontrer l'exactitude, « parce qu'ils sont en opposition avec les idées actuellement « régnantes parmi les chirurgiens et les médecins.

« Toute notre méthode est fondée sur la possibilité de « sonder les sujets mâles avec un cathéter droit. Or, on est « tellement imbu de l'ancienne règle, qui veut qu'un « cathéter imite exactement la courbure de l'urètre, que « beaucoup de praticiens ne peuvent pas concevoir qu'il « soit possible d'introduire une sonde droite dans la vessie « d'un homme, et déclarent que c'est une chose absolument « impraticable. A cela je répondrai qu'il faut bien que la « chose soit praticable, puisqu'elle a été pratiquée. J'ai « introduit moi-même, sans aucune difficulté, dans la ves-« sie de deux hommes vivants, des tubes de verre, arron-

« dis à leur extrémité antérieure, ayant de trois à quatre « lignes de diamètre. J'ai fait la même chose sur un cadavre, « et je prétends même qu'il est beaucoup plus aisé de son-« der la vessie d'un homme avec un cathéter droit qu'avec « un courbe. J'avais acquis cette conviction par plusieurs « expériences faites en particulier; j'en parlai, mais je trou-« vai des oreilles sourdes. Alors, pour confondre les plus « incrédules, je résolus de prouver mon assertion par une « expérience publique. Je pratiquai, en effet, le cathété-« risme avec une sonde droite, sur un homme âgé de « trente ans, en séance publique et en présence de cinq ex-« perts, savoir : de MM. les conseillers de médecine *Mussi-« nan* et *Grossi*, de M. le professeur *Koch*, et de MM. les « docteurs *Textor* et *Loé*. J'obtins, en ce cas, sans aucune « tentative préparatoire, une dilatation de trois lignes et de-« mie. Dès-lors tous les doutes furent dissipés.

« Il est vrai, l'urètre étant membraneux précisément à « l'endroit où il a le plus de courbure, savoir au bord « inférieur de l'arcade pubienne, il se plisse sous l'effort « de la sonde, et ces plis s'opposent à l'introduction de « l'instrument. Mais il est facile d'obvier à cet inconvé-« nient; en effet, si on a soin de faire tomber dans l'urètre « un peu de blanc d'œufs frais, et qu'on enduise la sonde de « ce même liquide, le cathétérisme se fait avec une facilité « étonnante et sans la moindre douleur.

« Nous ne devons pas non plus oublier ici l'extensibilité « considérable du tissu en quelque sorte *polypeux* des parties « de la génération. Chez certains sujets, le sphincter du col de « la vessie, lors de l'émission des urines, s'ouvre spontanément « à un tel degré, que le jet des urines présente quelquefois « un diamètre de quatre lignes. Il semblerait même, d'après « les nombreux exemples de pierres tombées dans le ca-

« nal de l'urètre et arrêtées dans son bulbe, que l'orifice de « la vessie se dilate ordinairement beaucoup plus que la « partie antérieure de l'urètre chez les sujets mâles. Le tis- « su de la partie de ce canal qui est embrassée par la pros- « tate et de celle qui se trouve au-dessus de cette glande, « est tout-à-fait de nature polypeuse, et sans doute suscep- « tible de se dilater et se contracter comme la cavité buc- « cale d'un polype à bras. Il faut bien qu'il en soit ainsi, « car comment les Égyptiens parviendraient-ils, sans cela, « soit par le moyen des sondes, soit par celui de l'insuffla- « tion, à dilater le canal de l'urètre assez fortement pour « pouvoir pousser les calculs de l'intérieur jusqu'au tube, « afin de les extraire de là par l'incision.

« Si, contre toute attente, la sonde droite ne peut pas « être introduite immédiatement, à cause de la courbure « indiquée de l'urètre, on n'a qu'à distendre ce canal, avec « des cathéters d'abord minces, ensuite de plus en plus gros, « sans chercher à les faire entrer dans la vessie, et je suis « sûr que l'on finira par obtenir assez de dilatation pour in- « troduire la grosse sonde. D'ailleurs les lithotomistes ne se « servent-ils pas déja de sondes (qu'il est impossible de di- « riger à son gré, précisément à cause de leur courbure) qui « sont parfaitement droites dans l'étendue d'un pouce et « demi à trois pouces, à leur extrémité antérieure par la- « quelle on les fait pénétrer dans la vessie?

« Eh bien, comment parviendrait-on à introduire ces « instruments, s'il était vrai que l'urètre ne fût pas partout « dilatable et partout capable de prendre une direction « droite? On devrait aussi, au moyen de ces sondes de chi- « rurgiens, pouvoir déterminer le volume des calculs dans « la vessie; mais loin de là, on ne peut pas même, avec leur

« aide, trouver la pierre lorsqu'elle se trouve au fond d'une « vessie remplie de liquide. Avec une sonde droite on peut, « au contraire, explorer tous les points de la cavité de la « vessie, et déterminer géométriquement le volume de la « pierre, d'après son diamètre transversal, et sur cela régler « l'incision à faire dans la taille. L'expérience m'a démontré « qu'il est possible d'introduire une grosse sonde droite, « même pendant l'érection du pénis, et qu'à cet état les mou- « vements de l'instrument sont encore tellement libres, qu'on « peut le porter avec facilité sur tous les points de la ca- « vité vésicale. Enfin, j'ai constaté qu'une sonde droite d'ar- « gent, longue d'un pied et demi à deux pieds, valait infi- « finiment mieux, pour sonder un calculeux, que les « cathéters courbes ordinaires, dont les mouvements dans « la vessie sont si bornés.

« Ce que j'avance paraîtra moins exagéré, quand on saura « que les Égyptiens dilatent si bien le canal de l'urètre, au « moyen des sondes, qu'ils peuvent pousser la pierre, de la « vessie dans ce canal, avec le doigt passé dans l'anus du ma- « lade. Je ne croirais pas moi-même à la réussite de ce pro- « cédé, employé par les Égyptiens, s'il n'était attesté par un « homme digne de foi, savoir par *Prosper Alpin*, qui a été « témoin oculaire de cette opération. Du reste, je n'ai pas « besoin d'une dilatation aussi considérable ; un demi- « pouce me suffit, et je me contente même de trois lignes à « trois lignes et demie. Voici comment je procède. Le ma- « lade étant debout, j'introduis la sonde ou le cathéter dans « une direction telle, que la partie de l'instrument que je tiens « en main, fasse, avec l'horizon, un angle de 50 degrés. A « mesure que j'enfonce la sonde, je diminue cet angle jus- « qu'à ce qu'étant parvenu au bulbe de l'urètre elle affecte « une position tout-à-fait horizontale. Donnant alors brus-

« quement à mon instrument une nouvelle inclinaison de « 50 degrés, au-dessous de l'horizon, j'arrive à la prostate.

« Ici il faut plus de précaution. J'imprime d'abord à la « sonde de légers mouvements circulaires et autres, dans « la vue de distendre l'urètre, jusqu'à ce que le malade ac- « cusant le sentiment du besoin d'uriner, m'indique que la « sonde est arrivée à la partie de l'urètre qui est contenue « dans la prostate. Employant alors une pression très-légère- « ment croissante et de petits mouvements de rotation, ma « sonde pénètre dans la vessie, avec plus de facilité et moins « de douleur lorsqu'elle est un peu grosse que quand elle est « mince. Dans le cas où la vessie est pleine d'urine, l'instru- « ment peut être poussé de trois à quatre pouces plus haut, « en sorte que l'on est à même de toucher tous les points « de la surface interne de cet organe. Il est à remarquer que « pendant l'introduction du cathéter, l'opérateur doit « mettre la main libre derrière le scrotum, afin de s'assurer, « par le toucher, de la direction que prend l'extrémité de « l'instrument, qu'il est surtout facile de sentir chez les « sujets maigres.

« Mais, dira-t-on, n'est-il pas à craindre qu'une dilatation « aussi considérable détermine le relâchement du sphincter « de la vessie? A cela je répondrai, qu'il est vrai que la « trop forte distension de cette partie du col de la vessie « a souvent occasionné des incontinences d'urine; mais aussi « nous sommes loin de proposer une distension semblable. « Notre intention n'est pas d'extraire les pierres de la vessie, « telles qu'elles sont ou dans leur grandeur naturelle, mais « seulement de les diviser, dans la vessie, au moyen de « vrilles, ou de les ramollir et dissoudre à l'aide de réac- « tifs chimiques. Pour cela, une dilatation de l'urètre portée « à six ou huit lignes nous suffit. Or, nous osons dire, sans

« crainte d'être démentis, que ce degré de dilatation peut « être obtenu constamment, sans donner lieu à des incon- « tinences d'urine, pourvu que la distension soit opérée « d'une manière insensible. En effet, dans le plus grand nom- « bre des cas où on a observé une incontinence d'urine « consécutive à des extractions ou à des sorties spontanées « de calculs par l'urètre, les parties en question ayant été « lésées considérablement étaient devenues tellement rigides, « en se cicatrisant, qu'elles ne pouvaient plus se contracter. « L'emploi de notre méthode n'expose ni aux ruptures, ni « aux perforations; car pour éviter toute lésion nous nous « servons, même pour l'introduction de la sonde d'un demi- « pouce de diamètre ou de tout autre calibre, d'un con- « ducteur mousse, exactement embrassé par la sonde dans « laquelle il est contenu comme un trois-quarts l'est dans « sa canule. Ce conducteur doit être retiré après que la « sonde est arrivée dans la vessie. La grosse sonde une fois « introduite, on peut agir sur la pierre comme on « voudra, sans craindre d'intéresser l'urètre ou le col « de la vessie, puisqu'on est séparé de ces parties par les « parois de la sonde. On peut introduire, chez la plupart « des individus, des sondes de trois à quatre lignes de « diamètre, largeur suffisante pour entreprendre sur la « pierre tout ce qui est nécessaire pour la détruire. Cepen- « dant, plus le tube sera large, mieux cela vaudra. »

Gruithuisen indique en cet endroit ce qu'il faudrait faire, si l'irritation déterminée par la pierre rendait plus diffi- cile l'introduction de la sonde. Il croit que des prépara- tions alkalines, les pilules de Tillenius, peuvent diminuer la sensibilité de la vessie. Il cite une grande quantité de faits rapportés par des auteurs pour appuyer cette opinion. Il croit aussi la même vertu au remède Stephens, qui de plus jouit de la propriété de dissoudre la pierre dans quelques cas. Il en cite des exemples, ainsi que plusieurs autres faits de dissolution de calculs par d'autres procédés. Après avoir fait ces citations qui tendent pour la plupart à prouver que l'on peut calmer la vessie irritée, afin de pouvoir mettre la pierre en rapport avec les agents de sa destruction, M. Gruithuisen continue ainsi :

« L'ennemi auquel nous avons affaire ici, n'est pas, comme « dans la plupart des maladies internes, une modification « de fonction d'une partie vivante, mais tout simplement « un corps brut, sans vie. Il faut par conséquent l'attaquer « par tous les moyens mécaniques et chimiques imaginables, « mais toujours en ayant le plus grand soin de ménager les « parties organiques sensibles, qu'il faut traverser pour at- « teindre la production hostile.

« Nous allons commencer l'exposé de notre méthode de « détruire la pierre dans la vessie, par la partie mécanique « qui y joue un si grand rôle; car elle nous sert à chaque « instant, de même qu'en chimie, tantôt de moyen prépara- « toire, tantôt de moyen auxiliaire pour arriver à notre fin. « Pour dissoudre un corps solide, le chimiste le réduit « d'abord en poudre, pour qu'il offre, à cet état, un plus « grand nombre de points de contact avec le dissolvant. De « même pour obtenir la destruction de la pierre, nous de- « vons commencer au moins par y pratiquer des trous.

« Il y a deux manières d'atteindre ce but, et la forme « droite du cathéter nous sera d'un très-grand secours dans « chacune d'elles. En effet, l'urine étant évacuée au moyen « de la grosse sonde droite, deux cas se présentent. Ou la ves- « sie n'est pas contractée exactement autour de la pierre, « ou bien ce corps étranger est embrassé étroitement par les

« parois du réservoir urinaire. Dans le premier cas, on introduira dans la grosse sonde engagée dans la vessie, une vrille « en fer de lance ou une espèce de petite couronne de trépan, « dont la tige sera contenue dans un second tube : celui-ci « destiné à être passé à travers le tube principal, remplira « exactement ce dernier. L'intérieur du petit tube sera assez « large pour laisser passer, sur les parties latérales de la tige « qu'il renferme, les deux extrémités d'un fil de métal d'un « diamètre semblable à celui d'une corde de piano de grosseur « moyenne, lequel sort par deux ouvertures pratiquées en « devant sur les côtés du petit tube, pour aller former une « anse au-devant de la vrille ou de la couronne de trépan, « afin de préserver les parois de la vessie des atteintes de « ces instruments. C'est avec cette anse de fil métallique, « qui peut être agrandie à volonté en poussant en avant un « de ses côtés, non tous deux, que l'on doit chercher à « saisir la pierre. On injectera, à cet effet, du blanc d'œuf, « au moyen d'un petit tuyau muni d'une vessie de cochon, « et adapté à la grosse sonde, afin de lubrifier les parties, « et pour rendre plus faciles les mouvements de l'anse de fil « dans l'intérieur du réservoir urinaire. La pierre étant engagée dans l'anse, on l'attire vers la grosse sonde et on la fixe « ainsi contre la vrille, puis on se met à faire jouer celle-ci « au moyen d'un archet, à la manière des horlogers quand « ils percent le laiton. Lorsque le perforateur est sur le point « de sortir du côté opposé à celui par lequel il est entré « dans la pierre, il convient de ralentir le jeu de l'archet et « de ne presque plus presser l'instrument vers la pierre, « pour ne pas risquer de blesser la vessie. Le calcul étant « percé d'un premier trou, on retire le perforateur, pour « faire sortir de la vessie, par une injection, la sciure et les « débris de la pierre. Cela fait, on cherche à retourner le « calcul, à l'aide d'un fil d'archal un peu recourbé en devant,

« en même temps qu'on relâche un peu l'anse qui retient « la pierre. Les extrémités de l'anse métallique seront très- « longues, pour qu'en retirant le perforateur avec son tube, « elles restent contenues dans celui-ci.

« Si, en continuant la perforation, on tombait, malgré « ces précautions, sur le trou déja pratiqué, il faudrait « laisser tomber la pierre dans la vessie, retirer tout-à-fait « l'anse de fil, et faire une injection d'eau tiède, laquelle « ne manquerait pas à faire prendre à la pierre une autre « position.

« Dans le cas, au contraire, où la vessie vide est contractée « étroitement autour de la pierre, ce qui arrive assez fré- « quemment, il faut bien se garder de percer le calcul « d'outre en outre, de peur d'intéresser l'organe vésical. On « se contentera d'entamer le corps étranger, dans la même « position, successivement sur des points différents, les uns « à côté des autres ; puis, si le malade supporte ou désire « la continuation de l'opération, on changera la position « du calcul par le moyen d'une injection. On procédera à « peu près de la même manière dans le cas où on réussit « à fixer la pierre, au moyen de la grosse sonde, contre une « paroi ou contre le fond de la vessie, lorsque celle-ci est « dans un état de relâchement.

« Si, nonobstant toutes les tentatives faites pour saisir la « pierre avec l'anse de fil métallique, ou pour la fixer avec « la grosse sonde contre les parois d'un vessie relâchée, on « ne réussit pas à la fixer, on a recours au galvanisme, qui « est un autre moyen de pratiquer des trous dans les calculs « vésicaux.

« On prend à cet effet deux fils de platine, autour des- « quels on passe des fils de soie, de manière à ce qu'ils

« soient exactement couverts dans toute leur étendue, ex-« cepté à leur partie antérieure qui devra être mise en con-« tact avec la pierre; puis on applique sur la soie une cou-« che de laque bien solide.

« Après les avoir ainsi isolés séparément, on les attache « ensemble et on les enveloppe de nouveau avec de la soie sur « laquelle on applique une seconde couche de laque; ou « bien l'on prendra un cylindre de verre mince, percé de « deux canaux, que l'on enveloppera également de soie à « l'intérieur afin d'empêcher qu'en cas de rupture, il ne « tombe des éclats de verre dans la vessie. (On pourrait faire « confectionner ces cylindres à double lumière, chez le fa-« bricant de baromètres, qui soudant ensemble, sur un « point, deux gros tubes de verre, les tirerait ensuite de la « grosseur voulue à la lampe à émailleur.) On pourrait aussi, « en cas de besoin, lier ensemble, en les affrontant par « leur face plane, deux tubes de thermomètre de forme de-« mi-cylindrique; ou bien, prendre un tube très-petit pour « l'un des fils, et un autre tube plus gros, capable de con-« tenir à-la-fois le petit tube avec son fil et l'autre fil, de « sorte que les conducteurs se trouveraient également isolés; « ou bien enfin, et ceci est encore le plus court, on peut « enfoncer l'un des fils dans un tube de verre, et attacher « l'autre avec de la soie à l'extérieur du tube et enduire le « tout d'une couche de laque. Nous ferons remarquer ici « que les fils de platine ne doivent pas sortir des tubes « plus qu'il n'est nécessaire pour mettre leurs bouts en « contact avec le calcul, et que l'action galvanique est d'au-« tant plus intense que les fils sont plus rapprochés l'un de « l'autre, mais sans qu'ils donnent lieu à la production d'étin-« celles électriques. En galvanisant des calculs urinaires de « la manière qui vient d'être indiquée, j'ai trouvé qu'il n'y

« en avait pas qui résistât à l'action dissolvante d'une pile de « trois cents couples. (J'ai obtenu des effets beaucoup plus « considérables que *Desmortiers*, qui a également dissous « des calculs vésicaux par le galvanisme, mais bien plus len- « tement que moi. Intelligensbl. der allg. Lit. Zeitg. 1801, « n° 171.) Les extrémités rapprochées des deux fils de pla- « tine, mouillés par l'urine de la vessie, forment les deux « pôles de la pile, dont l'action produit sur l'endroit où ils « sont en contact avec la pierre, une chaleur égale à celle « de l'eau bouillante, capable de faire, en quelques minutes, « des trous considérables dans le calcul, sans que le reste « de la surface de celui-ci ait le temps de s'échauffer assez « pour irriter la vessie. Les deux fils de platine ainsi disposés « peuvent être appliqués facilement sur la pierre à travers « la grosse sonde. Quand on aura affaire à un calcul très- « dur, on agira sur lui avec une pile de 600 à 1000 couples, « et il fondra comme du beurre.

« Si on réussissait à réduire la pierre en morceaux au « moyen de la vrille ou de la couronne de trépan, ce qui « n'est nullement une chose impossible, on essaierait de « diviser les fragments en parties plus petites au moyen du « brise-pierre (Voy. fig. 6.) introduit par la grosse sonde. « Si les fragments étaient par trop durs, on les ramollirait « d'abord en faisant passer dessus un courant d'eau, puis on « tenterait de nouveau le brisement. Si la vessie était en- « flammée déja par la présence d'une pierre garnie de « pointes et d'aspérités, il serait imprudent de la fatiguer « par toutes ces opérations. Il faudrait alors attendre jusqu'à « la fin de la période inflammatoire, et employer dans cet « intervalle un traitement interne. Les douleurs et les in- « flammations résultantes de la présence des calculs dans la « vessie sont dues incomparablement plus souvent à l'acidité

« de l'urine qu'aux lésions mécaniques produites par ces « corps étrangers. Dans le dernier cas, ces douleurs sont bien « moins violentes que dans le premier, dans lequel on « les combat avec avantage, comme je l'ai déja dit, par les « médicaments alcalins. »

Ici Gruithuisen, qui vient de développer les procédés qu'il emploierait pour perforer la pierre par des moyens mécaniques ou galvaniques, déploie une grande érudition dans l'énumération des agents chimiques auxquels il soumettrait la pierre ainsi perforée. Cette partie assez longue est contenue dans une dizaine de pages et termine le Mémoire que cependant notre auteur a augmenté d'un appendice assez considérable dont nous allons faire connaître les portions qui se rattachent à notre sujet.

Dans cet appendice, Gruithuisen a principalement pour objet d'examiner ce qu'il y a de vrai dans ce qui a été dit sur la dissolution des calculs par l'eau simple ou chargée d'une substance quelconque froide ou à une douce température. Il dit qu'il a laissé tomber goutte à goutte de l'eau de puits froide pendant vingt-quatre heures sur un fragment de pierre composé d'urate d'ammoniaque; que ce morceau qui pesait un scrupule avant l'opération, était réduit à 19 grains 1/2 après. Que non seulement cette pierre était devenue d'un moindre volume, mais qu'elle était plus friable. Que dans cette opération il croit avoir dissous la gélatine, et que c'est en agissant de même sur la gélatine que Billaret et Littre ont eu leurs succès en faisant la même expérience avec des eaux tirées de différents endroits. Il ajoute que puisque l'eau froide agit avec cette puissance, l'eau tiède doit encore faire plus d'effet. Aussi dit-il que ce serait un excellent moyen à employer, en usant du procédé de perfusion qu'il a indiqué. Il ne veut pas qu'on lui objecte la sensibilité du canal qui ne pourrait supporter la présence de la sonde droite pendant aussi long-temps, car il a fait des expériences qui prouvent que l'urètre se dilate avec la plus grande facilité, quand on a besoin de le dilater, ce qui est rare, et que l'on peut mettre cette sonde quatre fois dans la journée sans que le malade s'en ressente. Il dit de plus qu'il est prudent de le préparer à ces introductions. Il revient sur les substances dont on peut faire usage afin de donner à l'eau une qualité plus dissolvante, et il cite à ce sujet Fourcroy et M. Vauquelin.

Gruithuisen appuie ce qu'il vient de dire sur la facilité de dissoudre les pierres, par la réflexion qu'en Orient il est rare de rencontrer des affections calculeuses. Il attribue cela à la grande quantité de boissons aqueuses dont les Orientaux font usage. Il dit qu'un officier chez lequel Pott entendait le bruit de la pierre, et la sentait au moyen de la sonde, revint guéri des Barbades, où il avait été obligé de se rendre avant de se soumettre à l'opération.

Gruithuisen, malgré la persuasion où il est que les pierres peuvent être détruites soit par les perfusions, le galvanisme ou les moyens mécaniques, dit cependant qu'il est loin de tomber dans un excès de croyance en l'efficacité de ces moyens, tel qu'il le porte à rejeter entièrement l'opération de la taille, qui, suivant lui, *nous restera comme un refuge qui méritera toujours la reconnaissance de l'humanité dans le cas où elle deviendra de nécessité absolue, soit par l'insolubilité de la pierre ou par la résistance que dans des cas tout-à-fait extraordinaires elle pourra présenter aux moyens mécaniques ou chimiques.* Enfin, après avoir dit quelques mots sur le traitement intérieur par les lithrontriptiques proprement dits, que Gruithuisen ne rejette pas non plus, cet auteur passe à la définition des instruments qu'il croit propres à briser les pierres, définition dont nous donnons ici la traduction, en y joignant la planche que nous avons fait calquer sur celle qui se trouve dans la gazette allemande. Il continue ainsi :

« Disons maintenant quelques mots sur la composition des « instruments qui nous semblent mériter une préférence in- « contestable sur tous ceux qui ont été proposés.

« *La figure I* représente le tube *a b c d e*, servant à di- « riger un courant d'eau sur la pierre. On voit saillir en *e* un « style soudé à ce tube, et qui est destiné à tenir la pierre « éloignée à une certaine distance, pour que l'eau puisse bien « tomber dessus; en *d* le tube, présentant partout ailleurs « le même diamètre, se montre évasé pour recevoir un « autre tube en corné par lequel entre le liquïde de l'in- « jection.

« *La figure II* représente une sonde d'argent *a b c d*, « longue de quatorze pouces sur quatre lignes décimales de « diamètre. Cette sonde, la plus grosse que l'on puisse in- « troduire chez un adulte sans dilatation préparatoire, ren- « ferme le conducteur *e f g*, que l'on retire après l'in- « troduction de la sonde, et que l'on remet en place quand « on veut retirer la grosse sonde elle-même.

« *La figure III* montre une moitié de sonde, du cali- « bre d'un peu plus de trois lignes, pour un jeune sujet « de dix ans et au-dessus.

« *La figure IV* offre le trépan long d'un pied et demi; « *a b* est la couronne, dont l'intérieur doit être aussi large « que possible; elle se rétrécit de haut en bas et se con- « tinue dans la tige *c f*, à l'extrémité de laquelle est adap- « tée une poulie *d e*, que l'on fait tourner à l'aide d'un

Zur med: chir: Zeitung N^ro 1810. u Beyl. 1813.

(à la Gazette medico-chirurgicale No 1810 et supplément 1813.)

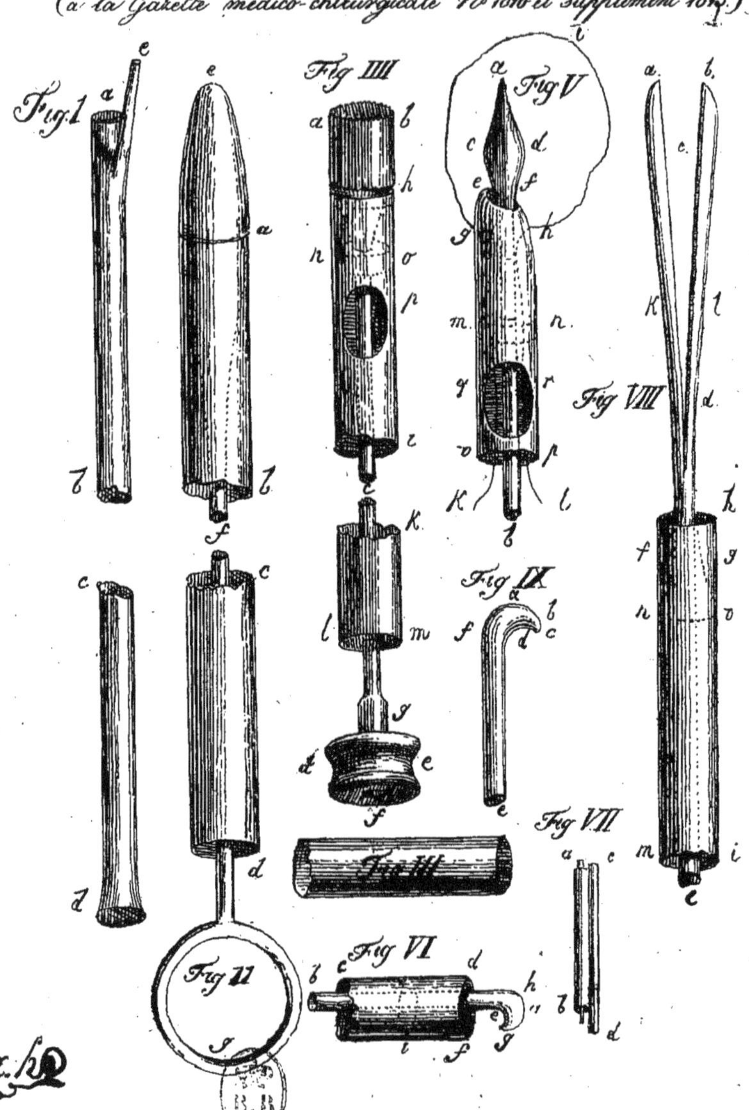

« archet. Pour n'être pas sujette à vaciller, cette tige passe « par trois disques de laiton, disposés dans le tube, l'un au « milieu, l'autre en haut *n*, *o*, et le troisième en bas en *l*, *m*. « La partie *g f* de la tige est carrée, afin d'y attacher la « poulie avec plus de solidité. Le tube *h i k l m* ser- « vant à fixer le tout, peut également être de cuivre jaune; « mais on y laisse plusieurs ouvertures sur le côté, comme « en *p*, afin d'être à même de nettoyer et de graisser la tige « du trépan.

« *La figure V* représente le perforateur, dont *a c d* « est la lance, et *b* la tige qui se continue dans la poulie, « comme dans la figure précédente, le tube étant aussi le « même. Celui-ci est un peu aplati en *e f g h* et offre « deux ouvertures, l'une en *h*, l'autre en *g*, pour le pas- « sage du fil métallique *k g i h l*, lequel traverse éga- « lement le disque de cuivre jaune *m n* du tube *e f o p*, « qui est aussi percé d'un grand trou en *q r*, etc.

« Ce tube est en outre taillé en biseau à son extrémité su- « périeure *e f*, afin de pouvoir facilement retirer et cacher « la lance dans l'espace *g h*, dans le cas où la grosse sonde « se serait échappée de la vessie et n'y pourrait plus être « réintroduite sans occasionner de grandes douleurs.

« (Je ferai remarquer ici que la grosse sonde de la « figure II, sert de moyen de dilatation et de canal de sû- « reté pour la manœuvre de tous les autres instruments.)

« *La figure VI* représente l'extrémité antérieure du brise- « pierre *a b*, disposé en bec de corbin. Il est en acier, ar- « rondi à sa face convexe *g h*, tranchant à sa face concave « *g e*, et présente un bout *e* pointu et incisif. Il peut être « retiré dans l'espace *f d*. Le tube *c d f* doit être éga- « lement en acier à sa partie antérieure, afin de pouvoir

« opposer une résistance assez forte aux pierres que l'on « s'efforcerait de briser contre *f*, avec le tranchant *e*, du « crochet *g a h*. Le disque *i* peut aussi être en cuivre « jaune.

« *La figure VII* représente l'extrémité antérieure du « double conducteur galvanique. Le fil d'or ou de platine, « isolé par un tube de verre, se trouve à côté du deuxième « fil *c d*, entouré de soie. Il faut qu'ils restent tous deux « dans cette position, puisque le tout doit encore être en- « veloppé de soie et enduit d'une couche de laque. La partie « nue des fils métalliques ne sera pas plus longue qu'on ne « la voit représentée dans cette figure, sans quoi l'effet se- « rait trop divisé. Il est indifférent, du reste, auquel des « deux fils on fera correspondre le pôle zinc et le pôle ar- « gent.

« *La figure VIII* offre un *tranche-pierre*, consistant en « un instrument d'acier fendu *a b c*, et en un tube con- « stricteur *h f g i*, destiné à rapprocher l'une de l'autre « les deux branches. Les extrémités antérieures *a c* et *b c* « de ces branches sont tranchantes à leur côté interne, ar- « rondies au côté externe et dans le reste de leur étendue. « Elles doivent être un peu plus minces entre *k l*, afin « d'avoir assez de flexibilité pour que les tranchants *a* et *b* « étant rapprochés avec force, puissent diviser les fragments « de pierre ou enlever des parcelles aux calculs entiers qu'ils « auront saisis. Pour produire cet effet, on n'a qu'à faire « monter le tube de laiton *h m i*, rétréci intérieurement « par les saillies *f* et *g*, et le pousser au-delà des points *d* « et *k*, *l* vers *c*. La raison pour laquelle nous conseillons « de prendre un tube de cuivre jaune, est que ce métal « s'use le moins sur l'acier. Le métal qui, après le laiton, « supporte mieux les frottements sur l'acier, est le cuivre

« rouge, après lequel seulement vient l'acier. Ce tranche-« pierre est surtout très-utile lorsque la pierre est composée « de lamelles très-minces.

« Tous les tubes, depuis la troisième jusqu'à la septième « figure, doivent remplir très-exactement la cavité de la « grosse sonde de la figure II, pour donner à tout l'ap-« pareil une grande solidité, en ce que la grosse sonde doit « être aussi peu massive que possible.

« *La figure IX* présente un crochet pour retirer des « morceaux de bougies, etc., engagés dans l'urètre. Il est « mousse en *a b* et *d*, et un peu pointu en *c*. Il doit « avoir, entre *c* et *f*, une largeur telle qu'il corresponde « exactement à la cavité de la grosse sonde, qui peut être « dévissée dans son milieu. On tapissera l'intérieur de cette « sonde, entre *n* et *o*, d'un morceau de drap fortement « huilé, afin d'empêcher les frottements des points *f* et *b* « du crochet sur les parois de la sonde.

« Les tiges des instruments des figures VI, VIII et IX « doivent être munies d'un anneau à leur extrémité infé-« rieure, comme le conducteur de la figure II. Il faut de « même donner une marque distinctive aux côtés des cro-« chets, afin de reconnaître à cela la direction de leur « pointe, quand ils se trouvent enfoncés. »

Après la définition des instruments qu'il propose pour détruire la pierre dans la vessie, au moyen d'instruments mécaniques, Gruithuisen dit que d'autres praticiens ne tarderont pas à perfectionner ces instruments et à en inventer d'autres plus convenables; car *on arrive à l'art pas à pas et en partant d'une idée préconçue, tandis qu'on ne parvient à la science que par la voie de l'expérience.*

Tel est l'écrit de M. Gruithuisen, que charitablement quelques personnes intéressées ont voulu faire passer pour un homme à imagination ardente auquel il serait échappé quelques idées sur le sujet qui nous occupe. Si la traduction en eût été donnée plus tôt, dès les premiers moments on eût accordé à cet homme ingénieux le tribut de louanges qu'il méritait, et on n'eût pas contesté ses droits à la reconnaissance publique. Cette traduction permettra de remarquer que Gruithuisen n'a pas, comme on a bien voulu le dire, seulement jeté au hasard quelques idées sur le brisement des pierres dans la vessie, et que l'expression de ces idées ne se trouve pas comme noyée dans un travail étranger à ce sujet. On voit que cet auteur réfléchit depuis long-temps sur les moyens de guérir de la pierre sans avoir recours à l'opération de la taille, que c'est un objet qui l'a beaucoup occupé et auquel il consacre un travail exprès. Ce travail a quarante pages d'impression, il roule continuellement sur l'importante question que s'adresse Gruithuisen; il est plein de faits, riche de discussions lumineuses, abondant en citations. Un homme qui fait de simples spéculations présente rarement des points d'appui sûrs à ses raisonnements, et il est rare que la richesse ou le devergondage de son imagination ne le mène trop loin, quelquefois hors du possible.

Peut-on appliquer cette réflexion à Gruithuisen, qui toujours lumineux, toujours s'appuyant sur des faits dont il engendre et féconde les principaux, arrive à une des plus belles conclusions dont puisse s'honorer la chirurgie moderne?

Quelle serait donc la récompense accordée à l'homme de génie, si sa pensée pouvait impunément lui être enlevée? et comment réglerait-on les droits de chacun à la reconnaissance publique, si on ne s'en rapportait aux preuves écrites? Si les récompenses sont épuisées sur celui qui ne possède que le savoir-faire manuel, n'est-ce pas étouffer dans les cœurs généreux le désir de se rendre utile en opérant d'une manière spéculative? N'est-il pas convenable de laisser à ceux-là qui ne travaillent que pour la gloire ce noble fruit de leur labeur, et n'y a-t-il pas injustice grande à les en priver?

EXTRAIT

DES ARCHIVES GÉNÉRALES DE MÉDECINE.

(MARS 1821.)

Dans le cahier des Archives générales de médecine du mois de novembre 1825, je rendis compte de l'ouvrage de M. le docteur James Leroy (d'Étiolles), intitulé : *Exposé des divers procédés employés jusqu'à ce jour pour guérir de la pierre, sans avoir recours à l'opération de la taille.* Comme je reproduisis dans mon analyse les preuves évidentes sur lesquelles M. Leroy établissait ses droits, mon travail ne dut pas plaire à M. Civiale, qui écrivant à ce sujet une lettre de réclamation dans le cahier de janvier 1826, donna lieu à la réponse qui va suivre. Cette lettre, la planche qui se trouve à la fin de cette brochure, et la décision de l'Académie des Sciences du mois de juin dernier en faveur de M. Leroy, feront sans doute reprendre à M. Civiale, dans l'opinion publique, la place qui lui est due.

J'ai lu dans le numéro de janvier 1826, de votre Journal, une lettre à vous adressée par M. le docteur Civiale, et relative au compte que j'ai rendu du travail de M. le docteur J. Leroy (d'Étiolles), intitulé : *Exposé des divers procédés employés jusqu'à ce jour pour guérir* de la *pierre* (et non pas *la* pierre), *sans avoir recours à l'opération de la taille.*

J'ignore pourquoi M. Civiale me mêle dans les discussions qui existent entre lui et M. le docteur J. Leroy. Lorsque j'ai rendu compte de l'ouvrage de ce dernier, j'ai dû exprimer ce que j'ai ressenti en le lisant, et surtout en examinant avec soin les dates et les faits. Je n'étais qu'un rapporteur qui essayait de faire ressortir les idées principales d'un auteur; et comme ces idées me semblaient justes, et que j'étais aussi frappé de la justesse des prétentions de M. Leroy, j'ai dû reproduire les unes et les autres dans mon analyse. Mais comme M. Civiale me met en scène sous un jour qui m'est plus que défavorable, je dois lui répondre, et lui faire longuement savoir (car il faut épuiser ce sujet) quelles sont les raisons qui m'obligent à le condamner sous le rapport de ses prétentions aux instruments de M. J. Leroy.

Je prétends d'abord que la pince que M. Civiale emploie *maintenant* est à M. Leroy; et voici les faits et les raisons sur lesquels je me fonde. Cette pince que M. Leroy dit avoir empruntée d'Alphonse Feri, et qui lui ressemble tout-à-fait, a été présentée par ce médecin à l'Académie de chirurgie, dans sa séance du 10 avril 1823. Dans la même année, et même un peu postérieurement, a paru un travail de M. Civiale, intitulé: *Nouvelles considérations sur les rétentions d'urine*, dans lequel ce médecin donne le dessin lithographié d'une pince destinée à remplir le même objet que se proposait M. Leroy. Or, M. Civiale *ne s'est jamais servi*, et *ne se sert pas maintenant* de celle qu'il a fait lithographier, *parce qu'elle ne peut pas servir*, mais de celle présentée à l'Académie par son compétiteur. Si M. Civiale n'avait pas imprimé un ouvrage et lithographié des instruments, nous pourrions croire qu'il prétend justement à l'invention de ceux mis en usage; mais il en a dessiné d'inutiles qui constatent qu'il ne connaissait pas alors d'autres moyens de saisir la pierre dans la vessie. Si nous pensions autrement, nous ne pourrions le faire qu'en supposant que M. Civiale ayant imaginé les instruments de M. Leroy avant que ce dernier ne les eût présentés à l'Académie, avait jugé à propos d'en donner de défectueux au public. Or, cette supposition n'est pas admissible, car une personne délicate, comme le peut être notre confrère, n'aurait pas voulu, en privant l'humanité d'une invention utile, mettre les autres médecins dans le cas de produire les grands accidents qui naîtraient nécessairement de l'usage de l'appareil lithontripteur qu'il proposait alors. Certes, il ne peut alléguer cette raison, qui cependant serait son seul refuge pour avoir gain de cause sur ce point; et il ne l'alléguerait pas si la supposition était juste, car ce serait avouer une action odieuse.

Ainsi je ne crois pas que M. Civiale se hasarde à user de récrimination relativement à l'objet de cette discussion, qui doit paraître tellement clair maintenant, que je n'ajoute, pour le rendre encore plus saillant, que cette réflexion: que lors même que M. Civiale ne serait pas condamné sans appel par les planches de son livre, on serait toujours plus porté à croire M. Leroy qui dit avoir emprunté l'instrument, objet de la discussion, que M. Civiale qui se dit créateur, et qui, dans toutes ses créations, s'est toujours rencontré, mais précisément rencontré, avec des auteurs qui l'ont précédé.

Je dis de plus que M. Civiale n'est pas l'auteur du procédé de briser les pierres dans la vessie au moyen d'un mandrin mis en mouvement par un archet, car Gruithuisen a écrit en 1813: « *J'introduirais dans l'urètre une sonde* « *droite d'un calibre convenable..... Dans cette sonde je mettrais une tige armée d'un trépan destiné à diviser la pierre....* « *A l'autre extrémité, cette tige entourée d'une poulie sera* « *mise en rotation par un archet*, etc., etc. » Cette citation semblera-t-elle assez précise à M. Civiale, pour lui faire abandonner ses prétentions au procédé, comme il l'a déja fait pour la méthode? Ce médecin dit, à ce sujet, qu'il ne connaissait pas le travail de Gruithuisen (1). Il est possible que M. Civiale ignore beaucoup de choses, mais pourquoi n'a-t-il pas su ce qui avait été écrit sur un sujet qui l'occupait depuis sept années? Et puis, je veux bien que M. Civiale trouve une excuse dans l'ignorance qu'il avait de ce fait; mais celui qui a écrit l'histoire de la méthode doit-il s'en rapporter à ce qu'il avance?

Maintenant que je viens de répondre à l'ensemble de la lettre de M. le docteur Civiale, je vais m'occuper de ses détails, et démontrer, en suivant pas à pas ce médecin, combien souvent il est dans l'erreur.

M. Civiale prétend qu'en 1825 je tins un autre langage qu'en 1824. Cela est vrai; mais en 1824 je n'avais consulté que M. Civiale, je n'avais entendu que M. Civiale, et je ne pouvais parler que de lui. Aussi a-t-il recueilli les expressions de reconnaissance que je lui adressai au nom de l'humanité, car alors je croyais qu'il les méritait comme inventeur d'un procédé utile, tandis qu'il n'y avait droit que sous le rapport de la mise en œuvre d'un appareil instrumental imaginé par d'autres. Si je suis coupable, c'est d'avoir précipité mon jugement, et d'avoir cru trop vite et sans assez d'examen ce que M. Civiale avait jugé utile de me dire dans son intérêt (2). Aussi, quoi qu'il en dise, je remercie M. Leroy de m'avoir fait reconnaître une erreur.

---

(1) M. Civiale ne se rappelle pas qu'il a écrit dans son livre intitulé : *Nouvelles considérations sur les rétentions d'urine*, dans la note à la p. 155: « Il ne suffit pas, pour s'approprier une idée, de faire l'aveu que l'on n'a « pas connaissance de celle des autres. »

(2) J'aurais dû, avant de m'en rapporter tout-à-fait à M. Civiale, aller compulser les procès-verbaux de la société de la Faculté de médecine; j'aurais vu qu'il n'y était nullement question des instruments lithontripteurs que M. Civiale prétend avoir présentés à cette société en juillet 1818.

M. Civiale s'abuse ou plutôt abuse ses lecteurs, lorsqu'il prétend que le point de départ de ce qu'il appelle la lithotritie est la connaissance de la sonde droite. Il sait très-bien que si on n'eût connu que la sonde droite, on ne fût pas parvenu à briser les pierres dans la vessie. Ce n'est pas de pouvoir introduire une sonde droite dans cet organe qui rend possible cette opération, c'est d'introduire une sonde droite *d'un gros calibre*. Or, c'est celui qui a trouvé la possibilité de cette introduction en opérant avec une grosse algalie droite, auquel on doit seul rapporter le fait du brisement de la pierre dans la vessie; et celui-là, c'est Gruithuisen. M. Civiale, qui répète ce que MM. les rapporteurs ont dit, que ce médecin Bavarois avait ébauché un projet tout entier en théorie et en spéculation, ne doit donc pas, s'il ne veut être accusé d'injustice, persister dans l'avis de ces académiciens, car il doit être patent pour lui que Gruithuisen, en sondant le premier un homme de trente ans avec une sonde droite de quatre lignes de diamètre, a démontré possible par cette seule opération le brisement de

J'aurais dû encore consulter M. le professeur Marjolin, qui, suivant M. Civiale, a décrit dans ses cours les mêmes instruments lithontripteurs. Ce savant professeur, toujours au courant de la science, m'eût appris que M. Civiale lui avait bien parlé d'une poche, mais qu'il n'avait jamais été question ni de stylet, ni de perforateur, ni d'aucun moyen propre à briser les pierres. J'aurais dû encore faire attention à l'extrême difficulté qu'eut le baron Percy à apercevoir des idées de brisement de pierre exprimées sur la feuille de papier présentée à l'Académie par M. Civiale. J'aurais dû remarquer que cette difficulté fut subitement levée, et que fortement aidé par M. Civiale, Percy parvint enfin, après y avoir bien regardé sept années, à rencontrer dans un coin du papier susdit l'idée de broyer les pierres plus vaguement exprimée encore qu'elle ne l'est dans les écrits de Haller. Du reste, c'est dans le même temps que M. Civiale faisait voir au baron Percy, et au milieu d'un calcul, un haricot portant un germe saillant, assez gros et frais comme en pleine germination, etc. (*Voy.* page 33 du rapport fait à l'Institut.)

la pierre dans la vessie. L'homme auquel on doit un fait si riche en résultats, et qu'il a fécondé lui-même, ne doit certainement pas être considéré comme ayant donné à ce sujet de simples théories. Si M. Civiale refuse d'accorder à Gruithuisen ce qu'il mérite, et surtout s'il essaie d'écarter de cet auteur les regards d'estime, en allant prendre chez les anciens le point de départ de ce qu'il appelle la lithotritie, il le fait dans l'intention de ne pas trouver dans un contemporain non pas un rival, mais le seul auteur de la méthode et du premier procédé pour extraire les pierres par l'urètre. Cette manière d'agir est une preuve que M. Civiale veut se maintenir dans sa réputation usurpée, et que la bonne foi n'est pas la base des moyens qu'il emploie pour y parvenir.

Car est-ce une preuve de bonne foi, lorsque M. Civiale, auquel M. Leroy dispute l'invention du procédé, et ne dispute que cela, prend à témoin les opérations par lui faites pour prouver sa paternité? Si M. Civiale se sentait fort sur le point de l'invention, il ne se servirait certainement pas de ce moyen de défense, qui ne prouve autre chose que, mieux servi par les circonstances, il a trouvé avant son compétiteur, l'occasion de mettre en œuvre des instruments imaginés par ce dernier.

Est-ce encore une preuve de bonne foi de la part de M. Civiale, de conclure parce qu'il dit avoir pensé en 1817 (1)

(1) M. Civiale dit bien avoir songé en 1817 à faire des instruments pour briser la pierre; mais à cette époque, il ne poursuivait, comme tant d'autres, que l'idée de trouver une poche dans laquelle une pierre saisie serait soumise à l'action dissolvante de puissants acides. Sans trop préjuger, je crois qu'on ne parviendra jamais à ce but; ainsi M. Civiale poursuivait une chimère. C'est cette idée qu'il présenta dans les temps au ministre de l'intérieur, et non pas celle de briser les pierres. Cette dernière lui vint avec aide et assistance.

à faire des instruments pour perforer la pierre afin de favoriser l'action des agents chimiques, que les instruments dont il se sert et qui sont seuls l'objet de la discussion, datent de 1821? S'ils datent de 1821, comment se fait-il qu'en 1823 il en donne au public dont les branches sont articulées, ce qui les rend dangereux? ce que je ne voulais pas croire dans le commencement de ma lettre, commencerait-il à devenir probable?

Et puis, sur quoi s'appuie M. Civiale pour prouver son initiative en 1817? Sur une feuille de papier sans forme, festonnée par l'usure, sale et détériorée, toute raturée, mal écrite, et en marge une esquisse au crayon représentant imparfaitement un instrument à poche qu'il destinait alors à saisir la pierre, et à côté de cet instrument le dessin d'un autre assez semblable à celui lithographié dans son travail, mais dessiné *plus fraîchement*. Est-ce réellement cette pièce informe que M. Civiale a présentée à l'Académie en 1817, ou au ministre de l'intérieur? Cela est peut-être, puisqu'il l'avance; mais qu'il fasse donc disparaître, pour me convaincre entièrement, les doutes que me donne sur l'identité de cette pièce tout ce qui m'éloigne d'y croire. Moi, qui veux, puisque M. Civiale le juge convenable, développer mon opinion avec franchise et fermeté, je trouve cette pièce louche, et je le dis.

En lisant le troisième avant-dernier paragraphe de la lettre de M. Civiale, je suis frappé de cette phrase qui le commence: « Lorsque mes travaux et leur résultat étaient déja « connus, M. Leroy, en 1822, présenta pour le broiement « de la pierre des instruments OU je trouvai de l'analogie avec « ceux que j'avais d'abord dessinés. » On dirait que M. Civiale se défendant, prend plaisir à accumuler sur lui des preuves évidentes de son mauvais droit. Il dit que M. Leroy, en 1822, présenta des instruments lorsque ses travaux et leur résultat étaient déja connus. Mais le résultat de ce que M. Civiale appelle ses travaux n'a eu lieu qu'en 1824: or comment se fait-il qu'il était déja connu en 1822? Dans ces instruments que M. Leroy présente en 1822, M. Civiale trouve de l'analogie avec ceux qu'il avait d'abord dessinés; or ce qu'il dit avoir d'abord dessiné, c'est une pince articulée à quatre branches ; et l'analogue de cette pince dans l'appareil de M. Leroy est aussi une pince, mais à trois branches et non articulée. M. Civiale se servant de la pince à trois branches non articulée, avoue implicitement qu'il se sert de l'instrument de M. Leroy. Cette phrase de M. Civiale le charge tellement, que je pense que c'est une erreur qu'il a commise, car je ne crois pas que lorsqu'on a entrepris de prouver qu'on a raison, il soit opportun de dire qu'on a tort, et c'est un aveu dans ce sens qu'une telle phrase.

« On sait (dit M. Civiale) par M. Leroy lui - même les « tristes résultats des tentatives faites au moyen de son ap« pareil opératoire. » Cette autre phrase indique ce qu'il serait important que M. Civiale eût remarqué : que M. Leroy, honnête et plein de candeur, a mieux aimé proclamer un fait qui lui est désavantageux, que de le laisser ignorer à ses confrères, qui, dorénavant éclairés par son *insuccès*, agiront, non pas autrement, mais dans des circonstances plus favorables. Si tous ceux qui opèrent faisaient de même, ils se rendraient estimables. Au surplus, M. Civiale, en fournissant cette citation à l'avantage du caractère moral de M. Leroy, nous donne une nouvelle raison de croire ce qu'avance ce dernier relativement à l'invention en litige.

Pourquoi M. Civiale veut-il nous faire croire qu'il a l'innocente persuasion qu'une opinion sur le compte de ses opérations doive être appuyée d'autorités, qu'il ne puisse ou plutôt ne veuille pas récuser ? Est-ce parce qu'il se croit la seule autorité irrécusable en fait de brisement de pierre ? cela serait adroit : être juge et partie doit lui paraître fort commode dans une discussion qui seulement alors pourrait finir à son avantage. Mais ce désir que lui inspire la faiblesse de ses arguments ne doit cependant pas le porter jusqu'à faire acte de despotisme. Il faut de la mesure : car de ce que M. Civiale se croit lui seul en état de comprendre et d'apprécier le jeu simple, mais insuffisant, des instruments qu'il emploie, s'ensuit-il nécessairement qu'on ne puisse le juger et émettre son opinion sans être qualifié d'autorité incompétente ?

Maintenant je suis arrivé aux deux derniers paragraphes de la lettre de M. Civiale qui me concernent tout-à-fait, et dans lesquels paragraphes ce médecin m'accuse de supprimer des faits et d'en rapporter d'inexacts. Si je supposais à M. Civiale la parfaite entente de ce qu'il dit ordinairement ; si je pensais qu'il eût pesé la valeur d'une telle accusation, je m'offenserais certainement qu'il se fût permis de m'adresser un reproche qu'on ne mérite jamais sans déshonneur. J'aime mieux croire qu'une telle phrase lui est échappée dans le désespoir de sa cause, et je la lui pardonne, car je le plains de se trouver justement déchu.

Je n'ai pas pu rapporter des faits inexacts, puisque je n'ai rien dit qui partît de moi, rien affirmé, bien que je le puisse. Je n'ai imprimé que l'ouvrage de M. Leroy, aminci par l'analyse. Je n'ai rapporté aucun fait qui eût rapport à M. Civiale ; j'ai dit ce que M. Leroy avait jugé convenable de révéler, et je ne devais dire que cela. Si j'ai ajouté des réflexions au désavantage de M. Civiale, elles découlaient des faits, et m'étaient ordonnées par ma conscience.

Pourquoi M. Civiale me reproche-t-il de ne pas avoir

ajouté, après avoir dit qu'un de ses malades fut soumis 28 fois à l'action des instruments qu'il emploie, que ce malade n'avait éprouvé que des indispositions de quelques heures, etc. ? Mais est-ce mon rôle de rendre compte des opérations de M. Civiale dans leurs détails ? M. Leroy pense qu'un si grand nombre d'applications est une défectuosité: il le dit; je le répète parce que je le pense aussi, et parce que je pense encore que j'aimerais mieux être taillé. M. Civiale appelle cette manière de rendre compte une restriction mentale; mais il ne peut y avoir de restriction mentale lorsqu'on rapporte un fait tout nu, et qu'une conséquence rigoureuse découle de ce fait.

Quand M. Civiale écrit: « Il y a bien d'autres faits que M. Heurteloup sait très-bien encore et desquels il ne dit rien. » Il écrit une chose fausse, qu'il sait et que je puis démontrer telle. M. Civiale ne m'a jamais proposé de le voir opérer ; je ne puis rien savoir qui soit à son avantage ou à son désavantage, et que je puisse dire *de visu*. Ce que je sais, je le sais comme tout le monde, les succès par M. Civiale, les revers par les malades eux-mêmes lorsqu'ils ont survécu, ou par leurs adhérents lorsqu'ils sont morts. Or, qu'avais-je à dire de tout cela ? rien sans doute, car je ne devais parler que des cas défavorables pour dire quelque chose de neuf, et je ne me suis pas senti le cynique courage d'accuser un confrère (1). Ainsi, M. Civiale au lieu d'user de récrimination

(1) Quand M. Civiale parle des insuccès de M. Leroy, il sait très-bien que ce dernier a opéré dans des circonstances où lui, M. Civiale, aurait peut-être agi moins prudemment. Du reste, M. Civiale devrait dire que M. Leroy fut envoyé par M. le professeur Dubois voir une femme calculeuse dans un endroit éloigné; que M. Leroy arriva, vit la malade, explora la vessie, et voulut se retirer, car la pierre était volumineuse, et l'organe contracté. Que, sur l'insistance des médecins présents, M. Leroy

sous ce rapport, devait me savoir gré de ma retenue et se sentir riche de mon indifférence.

Je termine enfin cette lettre, qui sera la seule que j'écrirai sur ce sujet, car M. Civiale a pris la prudente précaution de dire qu'il n'y répondrait pas; il s'épargne par là un grand embarras. S'il eût toujours été aussi sage, il ne se fût pas attiré de ma part des observations plus que chagrinantes, mais qu'il a maladroitement rendues nécessaires; car il devait s'attendre à une réponse sévère, en mettant en péril l'opinion qu'on peut avoir de ma délicatesse.

Agréez, etc.

HEURTELOUP, D. M. P.

---

fit, pour prendre la pierre, une tentative qui ne réussit pas, mais qui ne mit pas la malade en danger. Il n'est pas rationnel d'appeler opération manquée une opération que personne n'eût pu faire, pas même M. Civiale, qui, dans son extrême modestie, trouve qu'il a tracé la route à suivre.

Quant au deuxième cas *d'insuccès* que M. Civiale reproche à M. Leroy, je n'en parlerai pas, car il s'agit d'un malade chez lequel M. Leroy ne put pénétrer dans la vessie, bien qu'il fût puissamment aidé par le docteur Pasquier fils, dont l'habitude et la dextérité sont assez connues.

EXPLICATION DE LA PLANCHE.

N° 1. — Quadruple vésical de Franco, copié dans l'ouvrage de cet auteur. Il est dessiné ici considérablement réduit. Les quatre branches de cet instrument sont articulées au moyen de goupilles, et elles s'écartent en poussant la tige centrale. Franco destinait cette espèce de pince à l'extraction des pierres de la vessie par l'ouverture faite dans l'opération de la taille. La courbure qu'on observe dans cette figure tient au peu d'habileté du dessinateur employé par Franco.

N° 2. — Alphonsin, ou tire-balle d'Alphonse Feri. Il est représenté fermé et ouvert. Ce fut cet instrument que M. Leroy modifia, pour en faire la pince lithoprione qu'il présenta à l'Académie au mois d'avril 1823, un an après avoir présenté à la même Académie son lithoprione avec des ressorts de montre.

N° 3. — Instruments pour broyer les pierres dans la vessie, copiés sur la planche de l'ouvrage que M. Civiale donna en 1823, dans le même temps où M. Leroy donna sa pince à trois branches, représentée au n° 4. Il faut remarquer dans la pince de M. Civiale, que ses branches présentent chacune une double articulation au moyen de goupilles. La publication du livre de M. Civiale en 1823, prouve que c'est tout ce que ce chirurgien connaissait à cette époque, pour briser les pierres dans la vessie, à moins cependant qu'il n'ait voulu tromper le public. Il n'est pas besoin de faire remarquer le danger qu'il y aurait à se servir de cet appareil.

Ainsi, cette planche place M. le docteur Civiale dans la triste position d'être reconnu comme un plagiaire persistant dans son péché, ou comme un homme dangereux, manquant à ses devoirs les plus sacrés. Je le dis encore : belle alternative pour un médecin qui prétend à des honneurs académiques !

N° 4. — Appareil lithoprione que M. Leroy présenta à l'Académie, au mois d'avril 1823. On y voit la pince à trois branches *a. a. a. a. a*; le tube constricteur *b. b. b. b*; le mandrin perforateur *c. c. c. c*; la lime élastique pour agrandir le trou préliminaire fait par le mandrin *d. d. d.*; la poulie *e*; le chevalet *g. g. g. g. g*; et le ressort destiné à faire marcher le mandrin à mesure que la pierre est perforée, *h. h. h.*

N° 5. — Pince avec laquelle M. Civiale a fait jusqu'à présent ses opérations, qui ne ressemble pas, comme on peut le voir, à celle représentée dans son ouvrage de 1823. On voit dans cet appareil les mêmes pièces qui composent l'appareil de M. Leroy; seulement le mandrin présente une tête qui remplit exactement l'espace compris entre les trois branches lorsque l'instrument est fermé. On voit aussi que le ressort qui fait avancer le perforateur à mesure que la pierre est trouée, est remplacé par M. Civiale par un ressort à boudin renfermé dans la pièce *b. b.* Cet appareil est copié dans le dernier ouvrage de M. Civiale, à l'exception pourtant de guillochages. De tous les instruments dessinés sur les planches de cet auteur, c'est le seul dont il puisse se servir, car tous les autres sont de pure fantaisie.

Si vous voulez embarrasser M. Civiale, demandez-lui de faire manœuvrer ces derniers en votre présence.

Instrumens dont se sert Mr Civiale

N°5

Instrumens proposés par Mr Le Roy en 1823

N°4

Instrumens proposés par Mr Civiale en 1823

N°3

N°1

N°2

www.ingramcontent.com/pod-product-compliance
Ingram Content Group UK Ltd.
Pitfield, Milton Keynes, MK11 3LW, UK
UKHW022104070726
13613UKWH00002B/936

9 782019 985813